BERECHNUNG GEWÖLBTER BÖDEN

AUS DEM NACHLASS VON

Dr. Ing. HULDR. KELLER †

HERAUSGEGEBEN VON

ROBERT DUBS

OBERINGENIEUR
DER A.-G. DER MASCHINENFABRIKEN VON
ESCHER WYSS & CIE., ZÜRICH

Springer Fachmedien Wiesbaden GmbH 1922

Additional material to this book can be downloaded from http://extras.springer.com.

ISBN 978-3-663-15638-3   ISBN 978-3-663-16213-1 (eBook)
DOI 10.1007/978-3-663-16213-1

Vorwort.

Die vorliegende Arbeit ist eine Ergänzung bereits früher erschienener Abhandlungen des gleichen Verfassers. Es wird in ihr gezeigt, wie auf Grund der ziemlich verwickelten Formeln, welche für die Berechnung der Spannungen in einem Deckel gefunden wurden, nach Durchführung von Vereinfachungen Beziehungen entstehen, welche infolge ihrer besseren Übersichtlichkeit dem konstruierenden Ingenieur gestatten, sich rasch ein Bild über die Größe der auftretenden Spannungen zu machen. Es sind eine Reihe von in der Praxis am meisten vorkommenden Fällen durchgerechnet und die Ergebnisse in Spannungsdiagrammen graphisch dargestellt worden.

Die dieser Arbeit am Schlusse beigefügten Spannungsdiagramme, in welchen die einzelnen die Spannungen beeinflussenden Größen zueinander in Beziehung gebracht sind, ermöglichen eine sehr einfache Ermittlung der in einem Deckel bei verschiedenen Befestigungsarten auftretenden Spannungen.

Der Verfasser hoffte durch die vorliegende Arbeit dem konstruierenden Ingenieur und andern Fachkollegen, welche sich mit Deckelberechnungen beschäftigen müssen, einen Dienst zu erweisen; da es ihm aber leider nicht vergönnt war, seine Untersuchungen selbst zu veröffentlichen, betrachtet es der Unterzeichnete als engerer Kollege als eine Pflicht der Pietät, dies an Stelle des Verstorbenen zu tun.

Zürich, den 29. August 1921.

Robert Dubs,
Oberingenieur der A.-G. der Maschinenfabriken von Escher Wyss & Co.

I. Bisherige Arbeiten auf diesem Gebiet.

In meiner früheren Arbeit „Berechnung gewölbter Platten"[1]) hatte ich einen Weg für die annäherungsweise Berechnung gewölbter, als Drehkörper ausgebildeter Platten gezeigt. Sie ist anwendbar für Platten mit veränderlicher Dicke und veränderlichem Krümmungsradius, in radialer Richtung gesehen. Auf diese Art wurden in erster Linie zehn Beispiele von Platten mit jeweils gleichbleibendem Krümmungsradius und davon acht Beispiele mit jeweils gleichbleibender Dicke durchgerechnet. In einer späteren Arbeit[2]) führte ich die Festigkeitsberechnung eines Lokomotiv-Zylinderdeckels durch, welcher sowohl veränderliche Dicke als auch stark veränderliche Krümmung besitzt. Für einen derartigen Fall bietet jenes „Rechnen mit kleinen Differenzen" wertvolle Dienste, indem es zu einem für die Praxis hinreichend genauen Ergebnis führt. Jener Weg ist aber ein recht mühsamer und zeitraubender. Es ist deshalb von anderer Seite versucht worden, für Einzelfälle gewölbter Platten eine mathematisch genaue Lösung zu finden, und zwar insbesondere für *Kugelschalen*, d. h. für Platten mit konstanter Wölbung, konstanter Dicke und kreiskegelförmigem Rand. Lösungen dieser Aufgaben sind bekannt geworden von Schüle[3]), Dr. Fankhauser[4]) und Dr. Bolle.[5]) Die *Bolle*sche Arbeit geht wohl den einfachsten Weg, indem Bolle sich auf vorbereitende Arbeiten von *Reisner* und insbesondere von Prof. Dr. *Meißner* stützen konnte. Meißner führte nämlich die Lösung der Elastizitätsaufgabe eines *Torus* auf die Integration einer einzigen Differentialgleichung zweiter Ordnung zurück. Bolle stellte sich die Aufgabe, „ein auch für die Praxis bequemes Verfahren" für die Berechnung von Kugelschalen aufzustellen. Wer sich aber dessen bedienen will, findet, daß es für die Anwendung am Konstruktionstisch noch einer gewissen Systematisierung bedarf. Ich möchte in dieser Hinsicht die Bollesche Arbeit ergänzen und damit gleichzeitig deren vorzüglichen Wert für den Maschinenbauer dartun, dem sie vielleicht ohne diese Umformung fremd erscheinen und bleiben könnte.

II. Empirische Formeln.

Die ganze vorliegende Arbeit soll sich, wie die Bollesche, auf den Sonderfall beziehen, daß die Schale konstanten Krümmungsradius und konstante Dicke hat, daß es sich also um eine *Kugelschale* handelt, und zwar um eine solche, die in der Mitte keine Bohrung besitzt.

---

1) Siehe Schweiz. Bauztg. 1913 S. 111f. — Z. D. I. 1912 vom 7. und 14. Dez. u. Forsch. Heft 124.
2) Siehe Schweiz. Bauztg. vom 7. Juli 1917. — Z. D. I. vom 23. Juni 1917 u. Forsch. Heft 195.
3) Siehe Dinglers Polyt. J. vom 10. Okt. 1900.
4) Siehe Z. f. d. g. T. 1911 S. 449f.
5) Promotionsarbeit: Festigkeitsberechnung von Kugelschalen, Zürich 1916, Orell Füßli.

Als ich die Bollesche Arbeit zum ersten Male durchsah, fielen mir vorerst die verhältnismäßig einfachen, empirischen Formeln auf für die beiden Belastungsfälle einer in der Mitte geschlossenen, durch einen gleichmäßig verteilten Druck p (in kg/cm²) belasteten Kugelschale, und zwar für den Fall $3'$, wo der Rand frei drehbar und radial nachgiebig, und für Fall $4''$, wo der Rand nicht drehbar und radial nicht nachgiebig ist. Zu dem Fall $3'$ gehören die meisten der in meiner früheren „Berechnung gewölbter Platten" untersuchten Kugelschalen, und es lag daher nahe, die von Bolle für flußeiserne Schalen gegebene Formel an Hand meiner Rechnung für gußeiserne Böden umzuformen. Da ich damals mit (h) die ganze, Bolle dagegen mit dem gleichen Buchstaben die halbe Plattendicke bezeichnete, so möge diese Abmessung in nachstehender Entwicklung mit (s) bezeichnet werden, um folgenschwere Verwechslungen zu vermeiden.

Wir führen unter Hinweis auf die in schematischer Weise einen Meridianschnitt durch eine Kugelschale darstellende Fig. 1 und die einen zwischen zwei Meridianschnitten und einem zur Schale gleichachsigen Kegelschnitt gelegenen Ausschnitt aus dieser Schale darstellende Fig. 2 folgende Bezeichnungen ein:

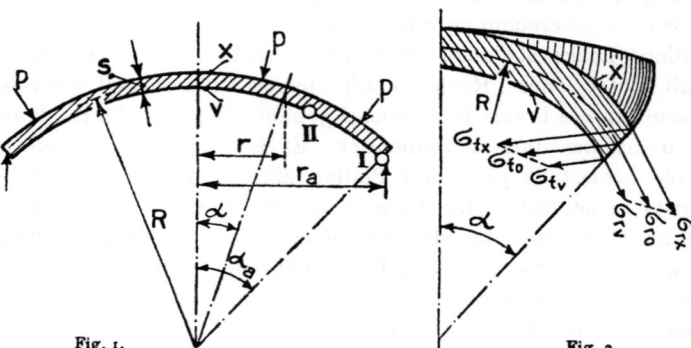

Fig. 1.   Fig. 2.

p in kg/cm²: der auf die konvexe Seite der Schale gleichmäßig verteilte Überdruck.

R in cm: der konstante mittlere Krümmungsradius der Schale.

r „ „ : der Radius des mittleren Parallelkreises eines zur Schale gleichachsigen Kegelschnittes, dessen Erzeugenden mit der Symmetrieachse den Winkel α einschließen.

r_a „ „ : der entsprechende Radius des äußersten Kegelschnittes, dessen Erzeugenden mit der Symmetrieachse den Winkel α_a einschließen.

x die konvexe Begrenzungsfläche der Schale.

v die konkave Begrenzungsfläche der Schale.

σ_{r0}, σ_{rx}, σ_{rv} in kg/cm²: die „Radial"-Spannungen in mittlerer Faser, in der Fläche x und in der Fläche v.

σ_{t0}, σ_{tx}, σ_{tv} in kg/cm²: die entsprechenden „Tangential"-Spannungen.

σ_{max} in kg/cm²: die größte in der Schale überhaupt auftretende Spannung, sei sie radial oder tangential gerichtet.

$\nu = \dfrac{1}{m}$ der reziproke Wert der Poissonschen Zahl. $\nu = 0{,}2$ für Gußeisen, $\nu = 0{,}3$ für Flußeisen und Stahl.

Bolle konnte aus den von ihm für Flußstahlböden mit $\nu = 0{,}3$ durchgeführten Rechnungen für den sog. Belastungsfall $3'$, d. i. Rand frei aufliegend und drehbar, die empirische Formel ableiten:

Empirische Formeln

$$\sigma_{max} = p\frac{R}{2s}\left[-1 + \cos\alpha\left(1{,}6 + 2{,}44\sin\alpha_a\sqrt{\frac{R}{s}}\right)\right].$$

Er fand, daß diese Formel gültig sei für

$$\left(\frac{R}{s}\right)\sin^2\alpha_a > 1{,}2, \quad \text{wo} \quad \sin\alpha_a = \left(\frac{r_a}{R}\right).$$

Diese maximale Spannung ist nach unserer Bezeichnung die Tangentialspannung σ_{tv} im Punkte I der Fig. 1.

Für die in Nachstehendem besonders berücksichtigten Wölbungsverhältnisse:

ist
$$\frac{R}{r_a} = \quad 1{,}5 \quad 2 \quad 3 \quad 6 \quad 10\text{ fach}$$
$$\sin^2\alpha_a = \left(\frac{r_a}{R}\right)^2 = 0{,}444 \quad 0{,}250 \quad 0{,}167 \quad 0{,}028 \quad 0{,}010,$$

demnach ist für die Verhältnisse jene Bollesche empirischen Formel gültig für:

$$\left(\frac{R}{s}\right) > \quad 2{,}7 \quad 4{,}8 \quad 7{,}2 \quad 43 \quad 120.$$

Diese Bedingungen sind aber bei den weitaus meisten der in der Praxis in Frage kommenden Kugelböden erfüllt. Es braucht demnach der andere Fall, wo

$$\left(\frac{R}{s}\right)\sin^2\alpha_a < 1{,}2,$$

nicht weiter verfolgt zu werden, obschon er nach Bolle die sehr einfache empirische Formel zuläßt:

$$\sigma_{max} = -1{,}24\left(\frac{r_a}{s}\right)^2 p\cos\alpha_a.$$

Meine früher veröffentlichten und die seither durchgeführten Berechnungen *gußeiserner* Kugelschalen habe ich vorerst auf die „Einheitsbelastung" $p = 1$ kg/cm² zurückgeführt, um hieraus allgemein gültige Beziehungen ableiten zu können. Unter diesen Beispielen aus der Praxis finden sich ganz große Unterschiede in den Verhältnissen von Randradius (r_a), Krümmungsradius (R) und Plattendicke (s). Nach Bolles Vorbild konnte ich für die *frei aufliegende*, d. h. am Rande drehbare und radial nachgiebige, *gußeiserne*, in der Mitte volle Kugelschale an Hand meiner früheren Berechnungen die empirische Formel aufstellen:

(Emp. Gl. I) $\quad \sigma_{max} = p\left(\frac{R}{s}\right)\left[-0{,}58 + \cos\alpha_a\left(0{,}66 + 2{,}67\sin\alpha_a\sqrt{\frac{R}{s}}\right)\right].$

In Fig. 3 ist in schematischer Weise der aus meiner früheren Veröffentlichung bekannte Verlauf der Radial- und Tangentialspannungen in den beiden äußeren Fasern einer „am Rande frei aufliegenden", auf der konvexen Seite belasteten Kugelschale dargestellt. Der Maximalwert zeigt sich im Diagrammpunkt I und ist die Tangentialspannung im Punkte I der Fig. 1, also im inneren Parallelkreis des Randquerschnittes, wo $r = r_a$, $\alpha = \alpha_a$. Dieser Maximalwert ist identisch mit dem nach der obigen empirischen Gleichung (I) errechenbaren Spannungswert der Gußschale. Die Mittelfaser des Meridianschnittes geht nämlich gemäß der schematischen Fig. 4 beim Übergang vom unbelasteten in den belasteten Zustand aus der ausgezogenen Kreisbogenform u in die abgeflachte Form b über und bewirkt die große Dehnung des durch den Punkt I der Fig. 1 gehenden Parallelkreises. Diese Dehnung setzt sich zusammen

4   Empirische Formeln

aus der Vergrößerung des Randradius r_a um den Betrag Δr_a und der Verdrehung des Randquerschnittes um den Winkel $\Delta \alpha_a$. Die Tangentialspannung σ_{max} im Punkt I der Fig. 1 bzw. 3 ist in diesem Fall eine Zugspannung (+).

Würde der Überdruck p auf die innere, die konkave Seite der Schale wirken, so würde die Maximalspannung zwar gleichwohl im Punkt I Fig. 1 auftreten, hätte den gleichen absoluten Wert nach Gleichung (I), aber entgegengesetztes Vorzeichen; sie wäre eine Druckspannung (—). Die Meridianmittelfaser würde gemäß Fig. 4a aus der

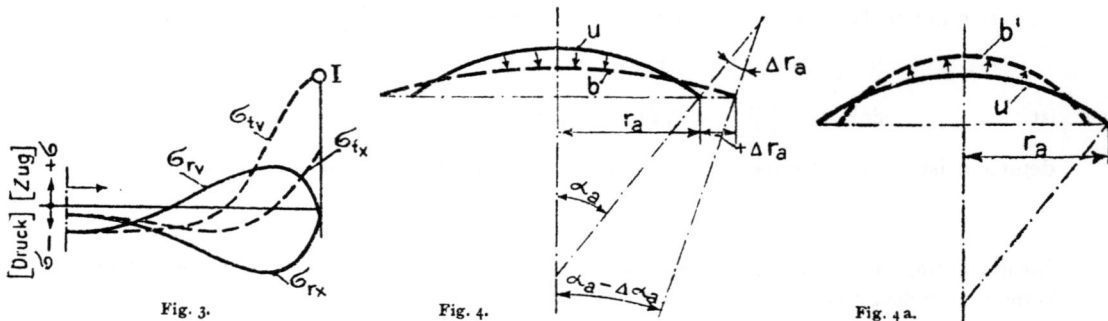

Fig. 3.   Fig. 4.   Fig. 4a.

ausgezogenen Kreisbogenform u beim unbelasteten Zustand in die Form b' des belasteten Zustandes übergehen. Der Mittelpunkt würde sich nach außen verschieben, der Randquerschnitt um das Stück Δr_a gegen die Symmetrieachse verschieben und um den Winkel $\Delta \alpha_a$ verdrehen, so daß er mit der Achse den Winkel $(\alpha_a + \Delta \alpha_a)$ einschließen würde. Dies ist eine sehr wichtige Feststellung, von der wir bei späteren Folgerungen für die Praxis Nutzen ziehen müssen.

In Erwägung des Grundsatzes, daß keine Maschine stärker sei als ihr schwächster Teil, glaubte ich vorerst, dem Konstruktionsbureau einen hinreichenden Dienst zu erweisen dadurch, daß ich mit Hilfe der empirischen Formel (I) Diagramme aufstellte, aus welchen für die in der Praxis meist vorkommenden Größenverhältnisse von „am Rand frei aufliegenden" gußeisernen Kugelschalen der Höchstwert der jeweiligen Beanspruchungen abgelesen oder durch leichte Interpolation abgeschätzt werden kann. Dieser Aufgabe dient die mittels der Formel (I) aufgestellte Spannungstafel A, gültig für die Radienverhältnisse $\left(\dfrac{R}{r_a}\right) = 1{,}5;\ 2;\ 3;\ 6$ und 10. In deren Feldern ist jeweils als Abszisse der Außenradius (r_a) und als Ordinate die für den Einheitsdruck $p = 1$ kg/cm² gültige max. Beanspruchung für verschiedene Plattendicken (s) aufgetragen. Obschon in die Formel (I) die Längen R, r_a und s in cm einzusetzen sind, so wurden in der Tafel A diese Abmessungen in mm eingeschrieben, weil der Konstrukteur meist mit dieser Längeneinheit arbeitet. Die drei oberen Felder der Tafel A umfassen Spannungen bis 1000 kg/cm² und Außenradien r_a von 0 bis 1500 mm. Es gilt Feld A_I für $\left(\dfrac{R}{r_a}\right) = 1{,}5$ und 2, Feld A_{II} für $\left(\dfrac{R}{r_a}\right) = 3$ und 6 und Feld A_{III} für $\left(\dfrac{R}{r_a}\right) = 10$. Die Werte des letzteren Feldes haben nicht den Genauigkeitsgrad der beiden vorderen Felder. Sie kommen aber wohl kaum in Anwendung und sollen mehr nur zeigen, wie sehr die max. Beanspruchung steigt, wenn man das Radienverhältnis $\left(\dfrac{R}{r_a}\right)$ so hoch, also die Schale so sehr flach wählt. Die beiden unteren Felder A'_I und A'_{II} der Tafel A umfassen das untere Drittel der Werte aus den oberen Feldern A_I und A_{II}. Ihre Ordinaten sind in 3,33fach so großem Maßstab aufgetragen wie in den oberen Feldern, um genauere Ablesungen zu ermöglichen für den Fall, daß der auf der Schale lastende Überdruck p groß, und daß man daher die aus den Diagrammen ablesbaren Spannungswerte mit einem großen Wert von p z. B. $p = 10$ multiplizieren muß, um auf die wahre Spannung zu kommen.

Diese Diagramme der Tafel A haben mit den einzelnen meiner früheren, nach der Methode des „Rechnens mit kleinen Differenzen" für sehr verschiedene Schalengrößen ermittelten Werten eine recht befriedigende Übereinstimmung gezeigt.

Sicherheitshalber nahm ich mir nunmehr vor, die Tafel A und deren Unterlage, die Formel (1), mittels der Bolleschen, zugestandenermaßen einfacheren und zuverläßlicheren Rechnungsmethode zu überprüfen. Da hierfür eine Reihe von Vorarbeiten erforderlich waren, welche auch für andere Randbedingungen für Kugelschalen als derjenigen: „Rand frei drehbar und radial frei nachgiebig" verwendbar sind, so dehnte ich meine Rechnungen auch auf jene Randbedingungen aus, und so wuchs sich wie von selbst vorliegende Arbeit aus. In Nachstehendem soll dem Konstrukteur der Weg für solche Arbeiten und eine Reihe daran geknüpfter Schlußfolgerungen gezeigt werden.

III. Formeln für die ausführliche Berechnung von in der Mitte vollen Kugelschalen.

Hierfür benützen wir die Bollesche Arbeit, indem wir sie in eine für den Konstrukteur übersichtlichere und systematischere Form bringen. Für die hier fehlenden Erklärungen und Zwischenableitungen wird auf Bolles ausführliche mathematische Entwicklung verwiesen.

1. Hilfswerte bzw. Hilfsgleichungen.

Für ein einfaches Rechnen hat Bolle eingeführt den Wert

(1) $$\mu \equiv \frac{2R}{s}\sqrt{3(1-v^2)-v^2} \sim \frac{2R}{s}\sqrt{3(1-v^2)}.$$

Weil   für Gußeisen   für Flußeisen und Stahl

(2) $v = 0{,}2$;   0,3 ist

(3) $\mu = 3{,}4\left(\dfrac{R}{s}\right)$;   (4) $\mu = 3{,}3\left(\dfrac{R}{s}\right)$.

In den Schlußformeln für die unter den verschiedenen Randbedingungen vorkommenden Radial- und Tangentialspannungen kommen Funktionen X, Y, Φ und Ψ vor. Um sie zu bestimmen, bedürfen wir der Entwicklung unendlicher Reihen. Es hat sich bei deren Anwendung gezeigt, daß es genügt, sie bis zum 15. Glied ($n = 15$) auszudehnen. Bei einzelnen Ausrechnungen braucht man aus dieser Reihenentwicklung nur bis zum 12. oder 8., oder gar 3. Glied zu gehen. Man kann um so früher abbrechen, je größer das Verhältnis $\left(\dfrac{R}{r_a}\right)$ bzw. $\left(\dfrac{R}{r}\right)$ ist. Um für alle praktisch vorkommenden Fälle gedeckt zu sein, wollen wir die Zahlentabelle 1 bis zum 15. Glied aufstellen.

Zahlentabelle 1

(1)	(2)	(3)	(4)	(5)	(6)	(7)	(8)	(9)	(10)	(11)	(12)	(13)
n	n^2	$4n^2$	$2n$	$4n^2-2n$	a_{n-1} $=4n^2-2n-1$	$4n$	$n+1$	$4n(n+1)$	$\dfrac{a_n-1}{4n(n+1)}$	$\dfrac{1}{4n(n+1)}$	$(2n+1)$
	$(1)^2$	$4\cdot(2)$	$2\cdot(1)$	$(3)-(4)$	$(5)-1$		$4\cdot(1)$	$(1)+1$	$(8)\cdot(9)$	$(6):(10)$	$1:(10)$	$(4)+1$
0	0	0	0	0	−1	0	1	0	$+\infty$	$+\infty$	1
1	1	4	2	2	+1	4	2	8	0,125	0,125	3
2	4	16	4	12	11	8	3	24	0,458	0,042	5
3	9	36	6	30	29	12	4	48	0,604	0,023	7
4	16	64	8	56	55	16	5	80	0,687	0,0125	9
5	25	100	10	90	89	20	6	120	0,742	0,0083	11
6	36	144	12	132	131	24	7	168	0,780	0,00595	13
7	49	196	14	182	181	28	8	224	0,808	0,00447	15
8	64	256	16	240	239	32	9	288	0,830	0,00347	17
9	81	324	18	306	305	36	10	360	0,847	0,00278	19
10	100	400	20	380	379	40	11	440	0,862	0,00227	21
11	121	484	22	462	461	44	12	528	0,873	0,00189	23
12	144	576	24	552	551	48	13	624	0,883	0,00160	25
13	169	676	26	650	649	52	14	728	0,891	0,00137	27
14	196	784	28	756	755	56	15	840	0,899	0,00119	29
15	225	900	30	870	869	60	16	960	0,905	0,00104	31

Diese Zahlentabelle 1 ist für alle vorkommenden Plattenverhältnisse gültig. Sie ist unabhängig vom Material und von den Abmessungen R, r und s. Nun muß eine 2. Tabelle aufgestellt werden, welche diese Plattenverhältnisse berücksichtigt. Wir setzen vorerst

(5) $$\sin\alpha = \frac{r}{R} = \frac{1}{\left(\dfrac{R}{r}\right)}.$$

(6) $$x \equiv \sin^2\alpha.$$

(7) $$A_n \equiv A_{n-1}\frac{a_{n-1}}{4n(n+1)} - B_{n-1}\frac{\mu}{4n(n+1)}.$$

(8) $$B_n \equiv A_{n-1}\frac{\mu}{4n(n+1)} + B_{n-1}\frac{a_{n-1}}{4n(n+1)}.$$

Die Größen A_n und B_n sind für die Werte von $n=0$ bis $n=15$ durchzurechnen. Wenn einmal ein Größenpaar A_{n-1} und B_{n-1} bekannt ist, kann das nächstfolgende Größenpaar A_n und B_n nach den Gleichungen (7) und (8) ausgerechnet werden. Hierfür ist der jeweilige Hilfsfaktor $\dfrac{a_{n-1}}{4n(n+1)}$ aus der Kolonne 11 und der jeweilige Hilfsfaktor $\dfrac{1}{4n(n+1)}$ aus der Kolonne (12) der Zahlentabelle 1 zu entnehmen. Für μ ist für ein vorgeschriebenes Verhältnis $\left(\dfrac{R}{s}\right)$ der aus der Gleichung (3) oder (4) errechnete Wert einzusetzen, je nachdem es sich um eine Schale aus Gußeisen oder Flußeisen bzw. Flußstahl handelt. Um die Reihe der Wertepaare A_n und B_n anfangen zu können, ist zu berücksichtigen, daß: für $n=0$

$$A_0 = 1; \quad B_0 = 0$$

Zahlentabelle 2

$\frac{R}{r_a}$	1,5	2	3	6	10
n		Werte von x^n			
0	1,0	1,0	1,0	1,0	1,0
1	$4,444 \cdot 10^{-1}$	$2,500 \cdot 10^{-1}$	$1,111 \cdot 10^{-1}$	$2,778 \cdot 10^{-2}$	$1,0 \cdot 10^{-2}$
2	$1,975 \cdot 10^{-1}$	$6,250 \cdot 10^{-2}$	$1,235 \cdot 10^{-2}$	$7,716 \cdot 10^{-4}$	$1,0 \cdot 10^{-4}$
3	$8,779 \cdot 10^{-2}$	$1,563 \cdot 10^{-2}$	$1,372 \cdot 10^{-3}$	$2,143 \cdot 10^{-5}$	$1,0 \cdot 10^{-6}$
4	$3,902 \cdot 10^{-2}$	$3,906 \cdot 10^{-3}$	$1,524 \cdot 10^{-4}$	$5,954 \cdot 10^{-7}$	$1,0 \cdot 10^{-8}$
5	$1,734 \cdot 10^{-2}$	$9,766 \cdot 10^{-4}$	$1,694 \cdot 10^{-5}$	$1,654 \cdot 10^{-8}$	$1,0 \cdot 10^{-10}$
6	$7,707 \cdot 10^{-3}$	$2,441 \cdot 10^{-4}$	$1,882 \cdot 10^{-6}$	$4,594 \cdot 10^{-10}$	$1,0 \cdot 10^{-12}$
7	$3,425 \cdot 10^{-3}$	$6,104 \cdot 10^{-5}$	$2,091 \cdot 10^{-7}$	$1,276 \cdot 10^{-11}$	$1,0 \cdot 10^{-14}$
8	$1,522 \cdot 10^{-3}$	$1,526 \cdot 10^{-5}$	$2,323 \cdot 10^{-8}$	$3,545 \cdot 10^{-13}$	$1,0 \cdot 10^{-16}$
9	$6,766 \cdot 10^{-4}$	$3,815 \cdot 10^{-6}$	$2,581 \cdot 10^{-9}$	$9,846 \cdot 10^{-15}$	$1,0 \cdot 10^{-18}$
10	$3,007 \cdot 10^{-4}$	$9,537 \cdot 10^{-7}$	$2,868 \cdot 10^{-10}$	$2,735 \cdot 10^{-16}$	$1,0 \cdot 10^{-20}$
11	$1,336 \cdot 10^{-4}$	$2,384 \cdot 10^{-7}$	$3,187 \cdot 10^{-11}$	$7,598 \cdot 10^{-18}$	$1,0 \cdot 10^{-22}$
12	$5,940 \cdot 10^{-5}$	$5,961 \cdot 10^{-8}$	$3,541 \cdot 10^{-12}$	$2,111 \cdot 10^{-19}$	$1,0 \cdot 10^{-24}$
13	$26,397 \cdot 10^{-6}$	$1,490 \cdot 10^{-8}$	$0,393 \cdot 10^{-12}$		
14	$11,731 \cdot 10^{-6}$	$0,373 \cdot 10^{-8}$	$0,044 \cdot 10^{-12}$		
15	$5,213 \cdot 10^{-6}$	$0,093 \cdot 10^{-8}$	$0,0048 \cdot 10^{-12}$		

und zwar für *alle* Schalen, ganz unabhängig von deren Material und Größenverhältnis $\left(\frac{R}{s}\right)$. Diese Sonderbedingungen kommen erst für die Werte $n = 1$ und folgende zur Geltung wegen des Einflusses des sowohl vom Material als auch vom Wert $\left(\frac{R}{s}\right)$ abhängigen Wertes μ. (Siehe späteres Zahlenbeispiel.)

Mittels der Gleichungen (7) und (8) stellt man sodann für alle Werte von $n = 0$ bis $n = i$, wo i je nach Bedürfnis 3 bis 15 sein kann, die Kolonnen (16) und (17) auf. Nunmehr werden für jede Reihe für $n = 0$ bis $n = i$ folgende Ausdrücke gebildet:

(9) $\qquad X_n = A_n \cdot x^n;\quad$ wo $\quad x \equiv \sin^2 \alpha$.

(10) $\qquad Y_n = B_n \cdot x^n$.

(11) $\qquad \Phi_n = (2n + 1) A_n x^n$.

(12) $\qquad \Psi_n = (2n + 1) B_n x^n$.

Um bei späteren Rechnungen unnütze Wiederholungen zu ersparen und Rechnungsfehler zu vermeiden, sind in Zahlentabelle 2 für die Verhältnisse $\left(\frac{R}{r}\right) = 1,5;\ 2;\ 3;\ 6$ und 10 die Werte x^n für $n = 0$ bis 15 zusammengestellt.

Wir berechnen weiter:

(13) $\qquad X = \Sigma_{n=0}^{n=i} X_n$.

(14) $\qquad Y = \Sigma_0^i Y_n$.

(15) $\qquad \Phi = \Sigma_0^i \Phi_n$.

(16) $\qquad \Psi = \Sigma_0^i \Psi_n$.

Formeln für die ausführliche Berechnung von in der Mitte vollen Kugelschalen

Die bisher aufgestellten Hilfswerte sind verwendbar für alle vier uns hauptsächlich interessierenden Randbedingungen, nämlich:

A Rand frei drehbar, radial frei nachgiebig ($\equiv 3'$ nach Bolle)
B „   „   „   „   nicht   „   ($\equiv 3''$ „   „   )
C „ nicht   „   „   frei   „   ($\equiv 4'$ „   „   )
D „   „   „   „   nicht   „   ($\equiv 4''$ „   „   ).

Um nun diese vier Fälle der Randbedingungen einzeln zu berücksichtigen, sind weitere Hilfswerte aufzustellen:

(17) $\quad \Gamma_1 = \Phi + \nu X,$ \qquad (23) $\quad W_1 = \nu \Delta_1 + \mu \Gamma_1,$

(18) $\quad \Gamma_2 = \nu \Phi + X,$ \qquad (24) $\quad W_2 = \nu \Delta_2 + \mu \Gamma_2,$

(19) $\quad \Delta_1 = \Psi + \nu Y,$ \qquad (25) $\quad O = \nu X - \Phi,$

(20) $\quad \Delta_2 = \nu \Psi + Y,$ \qquad (26) $\quad P = \nu Y - \Psi,$

(21) $\quad V_1 = \nu \Gamma_1 - \mu \Delta_1,$ \qquad (27) $\quad T = \nu Y + \mu X,$

(22) $\quad V_2 = \nu \Gamma_2 - \mu \Delta_2,$ \qquad (28) $\quad U = \nu X - \mu Y,$

(29) $\quad a = \dfrac{-W_1}{W_1 X - V_1 Y} \Big|_{\alpha = \alpha_a}$

(30) $\quad b = \dfrac{+V_1}{W_1 X - V_1 Y} \Big|_{\alpha = \alpha_a}$

(31) $\quad c = \dfrac{-T}{XT - YU} \Big|_{\alpha = \alpha_a}$

(32) $\quad d = \dfrac{+U}{XT - YU}$

(33) $\quad f = \dfrac{1-\nu}{\cos^2 \alpha_a} \cdot \dfrac{1}{aO + bP} \Big|_{\alpha = \alpha_a}$

(34) $\quad g = \dfrac{1-\nu}{\cos^2 \alpha_a} \cdot \dfrac{1}{cO + dP} \Big|_{\alpha = \alpha_a}$

Es sei ganz besonders hervorgehoben, daß die aus den Gleichungen (29) bis (34) zu errechnenden Werte a bis g nur für den Rand, wo $r = r_a$ und $\alpha = \alpha_a$, festzustellen sind, und daß in jene Gleichungen nur die Werte X, Y, W_1, V_1 usw. einzusetzen sind, welche für $r = r_a$ Gültigkeit haben. Andererseits haben dann die so errechneten Werte a bis g als Konstante Gültigkeit für alle $r = 0$ bis $r = r_a$ ein und derselben Schale von vorgeschriebener Randbedingung, wenn man damit die Einzelspannungen in den verschiedenen Plattenpunkten berechnet.

2. Die radialen und tangentialen Elementarspannungen.

Die aus den uns interessierenden Randbedingungen A bis D sich ergebenden Beanspruchungen können aus folgenden Elementarbelastungsfällen abgeleitet werden:

1. Elementarfall (Schema siehe Fig. 5).

Die Kugelschale ist ein Teil einer vollständigen, zusammenhängenden Hohlkugel vom Radius R und der Wandstärke s, je in cm gemessen. Da gilt für alle Punkte,

Formeln für die ausführliche Berechnung von in der Mitte vollen Kugelschalen

gleichgültig ob in einer Mittel-, Zwischen-, Außen- oder Innenfaser, radial oder tangential gerichtet, die Gleichung:

$$(35) \qquad \sigma_{r1} = \sigma_{t1} = \sigma_k = -\frac{p}{2}\left(\frac{R}{s}\right).$$

Diese Hohlkugelspannung hat ein negatives Vorzeichen, ist also eine Druckspannung, wenn p von außen nach innen preßt, wie in Fig. 5, andernfalls eine Zugspannung.

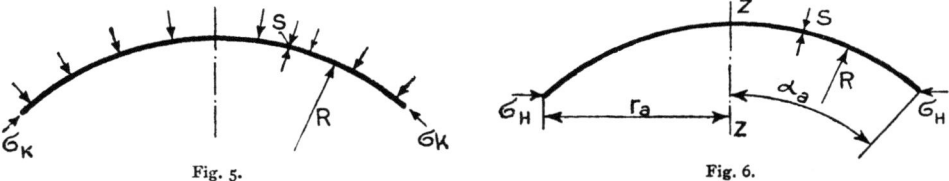

Fig. 5.   Fig. 6.

2. *Elementarfall* (Schema nach Fig. 6).

Die Schale sei einzig am Rand belastet, und zwar durch eine auf die ganze umlaufende Randfläche gleichmäßig zur Symmetrieachse $z-z$ senkrecht gerichtete spez. Druckspannung:

$$(36) \qquad \sigma_H = \frac{p}{2}\cos\alpha_a\left(\frac{R}{s}\right).$$

[Ein radial auf die Außenwand wirkender Überdruck p ist also *nicht* vorhanden.] Auf einem unter irgendeinem Winkel α zur Symmetrieachse stehenden Strahl (st in Fig. 7) kommen bei diesem 2. Elementarfall folgende Spannungen vor:

In der Mittelfaser des Meridianschnittes und in deren Richtung die Radialspannung:

$$(37) \qquad \sigma_{r2} = -p\left(\frac{R}{s}\right)\left(\frac{\cos^2\alpha}{2}\right)[aX + bY].$$

Dazu addiert bzw. davon subtrahiert sich in der Innen- bzw. der Außenfaser die von der Biegung herrührende Spannung:

$$(38) \qquad \sigma_{x2} = -p\frac{\cos^2\alpha}{4(1-\nu^2)}[aV_1 + bW_1].$$

In der Mittelfaser des Kegelschnittes und in deren Richtung die Tangentialspannung:

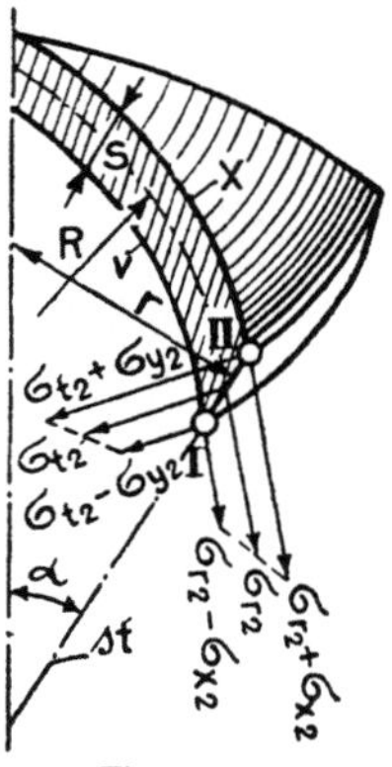

$$(39) \qquad \sigma_{t2} = -p\left(\frac{R}{s}\right)\left(\frac{\cos^2\alpha}{2}\right)[a\Phi + b\Psi].$$

Fig. 7.

Dazu addiert bzw. davon subtrahiert sich in der Innen- bzw. in der Außenfaser die von der Biegung herrührende Spannung:

$$(40) \qquad \sigma_{y2} = -p\frac{\cos^2\alpha}{4(1-\nu^2)}[aV_2 + bW_2].$$

In diesen Gleichungen (37) bis (40) sind für eine gegebene Platte für die Faktoren a und b stets dieselben, und zwar die aus den Gleichungen (29) und (30) für $\alpha = \alpha_a$ sich ergebenden Konstanten einzusetzen, gleichgültig, für welchen zwischen 0 und α_a gelegenen Winkel α die Spannungen nach den Gleichungen (37) bis (40) ermittelt werden sollen. Dahingegen sind in den Gleichungen (37) bis (40) für die Ausdrücke

10 Formeln für die ausführliche Berechnung von in der Mitte vollen Kugelschalen

$\cos\alpha$, X, Y, Φ, Ψ, V_1, V_2, W_1 und W_2 nur gerade die für den betreffenden Winkel α nach den Gleichungen (13) bis (16) und (21) bis (24) sich ergebenden Werte einzusetzen.

Über den Verlauf der verschiedenen Radial- und Tangential-Spannungskurven der Mittel-, Außen- und Innenfasern erhält man in der Regel ein hinreichend genaues Bild, wenn man für r der Reihe nach 0, 40, 60, 80, 90 und 100% des Außenradius r_a einsetzt. Will man nur die Spannungen des Randquerschnittes kennen lernen, so braucht man eben auch nur $r = r_a$ bzw. $\alpha = \alpha_a$ zu setzen und die zugehörigen Hilfs- und Spannungswerte zu ermitteln.

3. Elementarfall (Schema in Fig. 8).

Die Schale ist wiederum nur am Rand belastet, und zwar durch eine senkrecht zur Symmetrieachse $z - z$ nach außen gerichtete spez. Spannung $\sigma_H = \frac{p}{2}\left(\frac{R}{s}\right)\cos\alpha_a$, wie beim 2. Elementarfall, und außerdem durch ein so großes Drehmoment M pro 1 cm Umfang, daß der Randquerschnitt beim Übergang vom unbelasteten in den zugleich noch mit dem Außendruck p belasteten Zustand seinen Neigungswinkel α_a nicht ändert, daß also $\delta = \Delta\alpha_a = 0$.

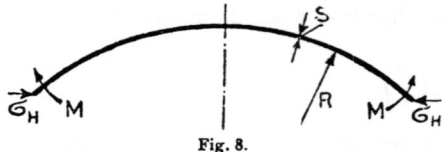

Fig. 8.

In ganz analoger Weise wie beim vorigen Fall lassen sich folgende Gleichungen für die den dortigen gleichartigen Spannungen aufstellen (siehe Fig. 9):

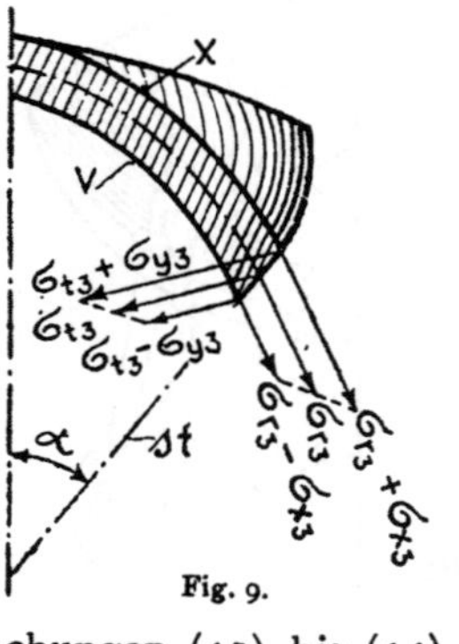

(41) $\quad \sigma_{r3} = -p\left(\frac{R}{s}\right)\frac{\cos^2\alpha}{2}[c\cdot X + d\cdot Y]$,

(42) $\quad \sigma_{x3} = -p\frac{\cos^2\alpha}{4(1-\nu^2)}[c\cdot V_1 + d\cdot W_1]$,

(43) $\quad \sigma_{t3} = -p\left(\frac{R}{s}\right)\frac{\cos^2\alpha}{2}[c\cdot \Phi + d\cdot \Psi]$,

(44) $\quad \sigma_{y3} = -p\frac{\cos^2\alpha}{4(1-\nu^2)}[c\cdot V_2 + d\cdot W_2]$.

Fig. 9.

Die Werte c und d sind Konstante für alle Werte von $\alpha = 0$ bis α_a einer gegebenen Platte und nach den Gleichungen (31) und (32) für $\alpha = \alpha_a$ zu rechnen. Sie gelten für alle Gleichungen (41) bis (44). Die Werte X, Y, Φ, Ψ, V_1, V_2, W_1 und W_2 sind nach den Gleichungen (13) bis (16) und (21) bis (24) für den jeweiligen Winkel α zu berechnen.

3. Die kombinierten Spannungen für die Randbedingungen A bis D.

Durch Kombination je zweier der 1., 2. und 3. Elementarfälle und unter Herbeiziehung der aus den Gleichungen (33) und (34) für $\alpha = \alpha_a$ zu berechnenden Konstanten f und g lassen sich nunmehr die Radial- und Tangentialspannungen σ_r und σ_t für alle Punkte der Mittel-, Innen- und Außenfasern einer mit einem gleichmäßig verteilten Außendruck p belasteten Schale berechnen, und zwar für alle Winkel $\alpha = 0$ bis α_a, und für die vier Randbedingungen A bis D. Hinter diesen Gleichungen fügen wir in ( ) die Nummern der Gleichungen hinzu, nach welchen die Einzelwerte zu rechnen sind.

Formeln für die ausführliche Berechnung von in der Mitte vollen Kugelschalen

A   Rand frei drehbar, radial frei nachgiebig.

(45) $\sigma_{r0} = \sigma_{r1} + \sigma_{r2}$ (35) und (37),

(46) $\sigma_{rv} = \sigma_{r0} + \sigma_{x2}$ (45) und (38),

(46a) $\sigma_{rx} = \sigma_{r0} - \sigma_{x2}$,,   ,,   ,,

(47) $\sigma_{t0} = \sigma_{t1} + \sigma_{t2}$ (35) und (39),

(48) $\sigma_{tv} = \sigma_{t0} + \sigma_{y2}$ (47) und (40),

(48a) $\sigma_{tx} = \sigma_{t0} - \sigma_{y2}$,,   ,,   ,,

B   Rand frei drehbar, radial nicht nachgiebig.

(49) $\sigma_{r0} = \sigma_{r1} + f \cdot \sigma_{r2}$ (35), (33) und (37),

(50) $\sigma_{rv} = \sigma_{r0} + f \cdot \sigma_{x2}$ (49), (33) und (38),

(50a) $\sigma_{rx} = \sigma_{r0} - f \cdot \sigma_{x2}$,,   ,,   ,,   ,,

(51) $\sigma_{t0} = \sigma_{t1} + f \cdot \sigma_{t2}$ (35), (33) und (39),

(52) $\sigma_{tv} = \sigma_{t0} + f \cdot \sigma_{y2}$ (51), (33) und (40),

(52a) $\sigma_{tx} = \sigma_{t0} - f \cdot \sigma_{y2}$,,   ,,   ,,   ,,

C   Rand nicht drehbar, radial frei nachgiebig.

(53) $\sigma_{r0} = \sigma_{r1} + \sigma_{r3}$ (35) und (41),

(54) $\sigma_{rv} = \sigma_{r0} + \sigma_{x3}$ (53) und (42),

(54a) $\sigma_{rx} = \sigma_{r0} - \sigma_{x3}$,,   ,,   ,,

(55) $\sigma_{t0} = \sigma_{t1} + \sigma_{t3}$ (35) und (43),

(56) $\sigma_{tv} = \sigma_{t0} + \sigma_{y3}$ (55) und (44),

(56a) $\sigma_{tx} = \sigma_{t0} - \sigma_{y3}$,,   ,,   ,,

D   Rand nicht drehbar, radial nicht nachgiebig.

(57) $\sigma_{r0} = \sigma_{r1} + g \cdot \sigma_{r3}$ (35), (34) und (41),

(58) $\sigma_{rv} = \sigma_{r0} + g \cdot \sigma_{x3}$ (57), (34) und (42),

(58a) $\sigma_{rx} = \sigma_{r0} - g \cdot \sigma_{x3}$,,   ,,   ,,   ,,

(59) $\sigma_{t0} = \sigma_{t1} + g \cdot \sigma_{t3}$ (35), (34) und (43),

(60) $\sigma_{tv} = \sigma_{t0} + g \cdot \sigma_{y3}$ (59), (34) und (44),

(60a) $\sigma_{tx} = \sigma_{t0} - g \cdot \sigma_{y3}$,,   ,,   ,,   ,,

Ein Vergleich vorstehender Gruppen von Gleichungen zeigt, daß diejenigen für die Randbedingungen A und C gleichartig aufgebaut sind. Sie unterscheiden sich nur im zweiten Index, wo bei A der Index (2), bei C der Index (3) Gültigkeit hat, so daß infolgedessen die entsprechenden, an der Seite angedeuteten Gleichungen zu Hilfe gezogen werden müssen.

Formeln für die ausführliche Berechnung von in der Mitte vollen Kugelschalen

Die Gruppe der Gleichungen für Randbedingung B unterscheidet sich von derjenigen für Randbedingung A durch das Hinzukommen der Konstanten (f), nach Gleichung (33) zu berechnen. In gleicher Weise wird der Übergang von der Randbedingung C in die Randbedingung D berücksichtigt durch Einführung der nach Gleichung (34) auszurechnenden Konstanten g.

Ich hatte nun vorerst für eine große Anzahl von Wertepaaren $\left(\dfrac{R}{s}\right)$ und $\left(\dfrac{R}{r_a}\right)$ für den Sonderfall $p = 1$ kg/cm² und $\nu = 0,2$ (Gußeisen) die Gleichungen (47) und (48) angewendet, um für gußeiserne Kugelschalen mit frei drehbarem und frei nachgiebigem Rand die jeweilige max. Spannung, nämlich die Tangentialspannung σ_{t_v} zu berechnen,

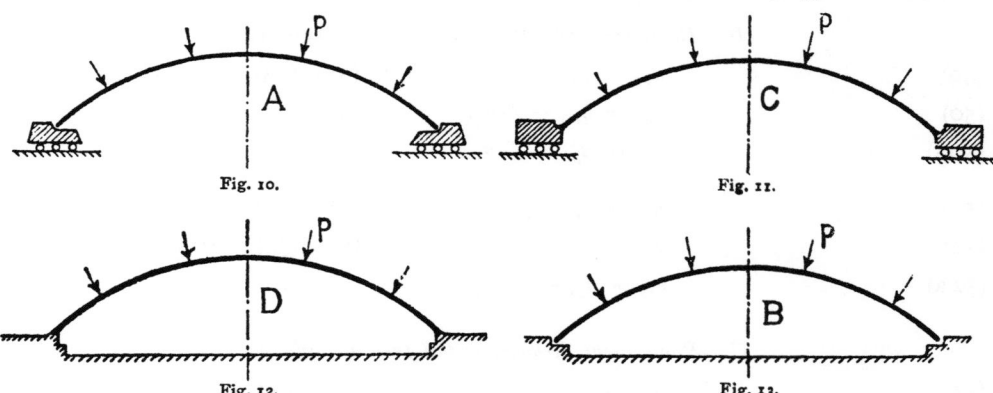

Fig. 10.   Fig. 11.

Fig. 12.   Fig. 13.

welche nach früher Gesagtem, in Fig. 1 gesehen, im Punkt I auftritt. Es zeigte sich hierbei die erfreuliche Erscheinung, daß diese Maximalwerte recht gut übereinstimmten mit den früher von mir mittels „Rechnen mit kleinen Differenzen" erhaltenen Ergebnissen und somit auch mit den nach meiner empirischen Formel (I) errechneten Werten. Die Abweichungen übersteigen 5 bis 6% nicht, vorausgesetzt, daß eben nicht Rechnungsfehler vorliegen, welche bei diesem Vergleich sich gut feststellen ließen, insbesondere beim graphischen Auftragen der Rechnungsresultate.

Es war nunmehr zu untersuchen, ob die Randbedingung A, d. h. „Schalenrand frei aufliegend und radial frei nachgiebig", wirklich die höchste Beanspruchung liefere, und welche der Randbedingungen B bis D den niedersten, also günstigsten Höchstwert ermögliche. Meine frühere Untersuchung hatte bereits gezeigt, daß die Randbedingung D, d. h. „Rand nicht drehbar und radial nicht nachgiebig", erheblich geringere Höchstwerte ergebe als die Randbedingung A, und ich vermutete, daß dies die günstigste Art der Abstützung einer Kugelschale sei. Die erste völlige Durchrechnung einer Schale für alle vier Randbedingungen A bis D lehrte aber, daß als günstigste Randbedingung die mit B bezeichnete zu gelten habe.

In den Figuren 10 bis 13 sind die Abstützungen je einer auf der konvexen Seite mit der spez. Pressung p belasteten Kugelschale nach den Randbedingungen A bis D, im Meridianschnitt gesehen, schematisch dargestellt, und zwar so geordnet, daß oben die am höchsten, unten die niederst beanspruchte Platte sich befindet. Gemäß den Fig. 10 und 11 ruht der Rand mittels eines Blockes gleichsam auf Rollen, um anzudeuten, daß er „radial frei nachgiebig" sei; in den Fig. 12 und 13 sind die Funda-

Formeln für die ausführliche Berechnung von in der Mitte vollen Kugelschalen 13

mente unter sich starr verbunden, so daß sie und damit die Ränder in radialer Richtung nicht nachgeben können. Gemäß den Fig. 10 und 13 ruhen die Endquerschnitte gleichsam in Pfannen, sind also drehbar; nach Fig. 11 und 12 sind sie mit den Stützblöcken starr verbunden und somit in der Meridianebene nicht drehbar. Neben den Fig. 10 bis 13 sind die zugehörigen Spannungsbilder 14 bis 17 in schematischer Weise aufgetragen, wie sie sich für die meist vorkommenden Radienverhältnisse $\left(\frac{R}{r_a}\right)$

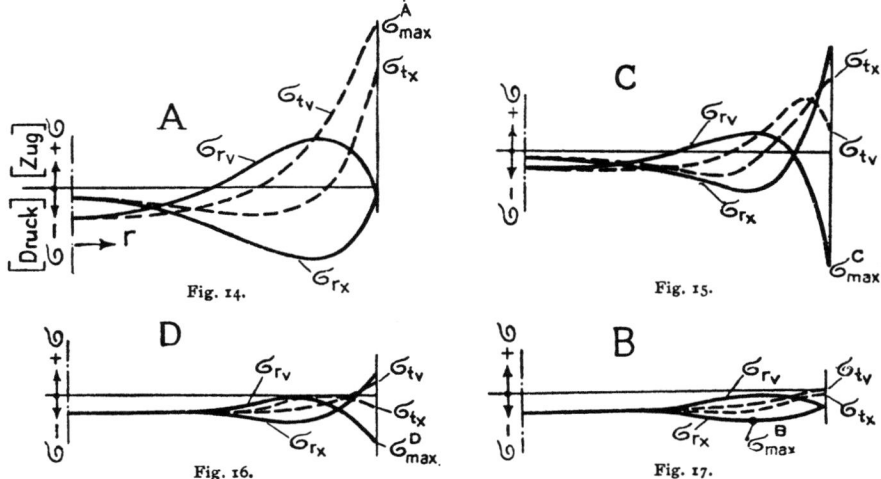

Fig. 14.   Fig. 15.
Fig. 16.   Fig. 17.

= 1,5 bis 3 ergeben. Der erste Index (r) bzw. (t) verweist auf eine Radial- bzw. Tangentialspannung; der zweite Index (x) bzw. (v) besagt, daß die Spannung in der konvexen oder der konkaven Begrenzungsfläche vorkomme.

Ein Vergleich der schematischen Diagramme 14 bis 17 unter sich zeigt, daß Fig. 14 für Einspannfall A die größte Maximalspannung aufweist, nämlich die mehrfach genannte tangentiale Zugspannung σ_{tv} am Rand. Ihr am nächsten kommt dem abs. Werte nach die radiale Druckspannung σ_{rv} am Rand bei Fall C. Der Einspannfall B (siehe Fig. 13 und 17) liefert den niedersten Maximalwert, und zwar ist dies die radiale Druckspannung σ_{rx} in der konvexen Begrenzungsfläche etwa im äußern Drittel des Außenradius r_a beim Punkt II der Fig. 13. Daß in den Fällen C und D die Radialspannungen am Rand verhältnismäßig groß sind, erklärt sich aus dem großen Moment, das am Rand anzubringen ist, um zu verhüten, daß der Randwinkel α_a seinen Wert ändert, daß sich also der „Rand nicht dreht".

Der Einspannfall B liegt also dem Zustand der ganzen Hohlkugel (vom Radius R und der Dicke s), welchen wir als „Elementarfall 1)" bezeichnet haben, am nächsten; bei diesem „Elementarfall 1)" kommen eben gar keine, beim Einspannfall B nur verhältnismäßig geringe Biegungsspannungen vor. Die Biegung verstärkt sich jeweils bei den Übergängen zu den Randbedingungen D zu C und zu A.

4 Deformation der Meridian-Mittelfaser bei den Einspannfällen A bis D.

Für einen im Abstand r von der Symmetrieachse befindlichen Punkt P (siehe Fig. 18) hatte Bolle folgende Formeln aufgestellt:

Formeln für die ausführliche Berechnung von in der Mitte vollen Kugelschalen

(61) $$f^* = u \sin \alpha + w \cos \alpha$$

(62) $$\varDelta r = u \cos \alpha - w \sin \alpha.$$

Hierin bedeuten nach Fig. 18 u und w die Verschiebungen des Punktes P in Richtung der Tangente an die Meridian-Mittelfaser, bzw. in Richtung gegen den Krümmungsmittelpunkt. Für diese Werte u und w sind für die bereits weiter oben behandelten Elementar-Belastungsfälle 1, 2 und 3 gesonderte Formeln aufzustellen und die daraus berechneten Werte sinngemäß zu addieren, um so die den Randbedingungen A bis D entsprechenden Deformationen zu erhalten. Der Rechnungsweg ist also ein ähnlicher wie derjenige, der uns zu den Spannungen für die Randbedingungen A bis D geführt hat.

Deformation bei dem 1. Elementarfall
(Kugelschale als Teil einer vollständigen, von außen mit dem spez. Druck p belasteten Hohlkugel vom Radius R und der Dicke s.) (Vgl. Fig. 5.)

Alle Punkte der Meridian-Mittelfaser bewegen sich nur gegen den Krümmungsmittelpunkt hin, nicht aber in Richtung der Tangente an die Mittelfaser. Wir dürfen daher setzen:

(63) $$u_1 = 0$$

(64) $$w_1 = -R \frac{\sigma_k(1-\nu)}{E} = -R \frac{(1-\nu)\sigma_{r1}}{E}.$$

Dabei ist nach Gl. (35) $$\sigma_{r1} = -\frac{p}{2}\left(\frac{R}{s}\right).$$

Deformationen bei dem 2. und 3. Elementarfall (nach den schematischen Fig. 6 und 8).

Nach Bolles Gl. (40) gilt allgemein

(65) $$u = k \sin \alpha - \frac{R(1+\nu)}{E} \cdot \sigma_r \cdot \operatorname{tg} \alpha$$

(66) $$w = k \cos \alpha - \frac{R}{E}(\sigma_r + \sigma_t).$$

Hierbei ist $\tau_m = -\sigma_r \operatorname{tg}\alpha$, k eine Konstante für alle Werte $\alpha = 0$ bis $\alpha = \alpha_a$. Dieselbe wird auf folgende Weise ermittelt:

Für den Scheitelpunkt der Kugelschale ist $\alpha = 0$, $\cos\alpha = 1$; $\sigma_r = \sigma_t$; $(\sigma_r + \sigma_t) = 2\sigma_r$, $w = 0$, weil wir die Deformation vom Scheitelpunkt aus berechnen wollen. Die Randbedingungen A bis D hatten wir bei den Spannungsberechnungen zurückführen können auf je eine Kombination des Elementarfalles 1) mit einem der andern Elementarfälle 2) oder 3) unter Zuhilfenahme der Faktoren 1 oder f oder g. Die so berechneten Radial- und Tangentialspannungen für die Mittelfasern sind in die Gleichungen (65) und (66) einzusetzen. Hierbei ist in erster Linie die Konstante k zu berechnen, wie an Hand des Einspannfalles A gezeigt werden soll. Für die andern Einspannfälle hat man sodann ähnlich vorzugehen.

Deformation einer Schale mit Randbedingung A (Rand drehbar, radial nachgiebig).

Die Randbedingung A ist die Kombination von Elementarbelastungsfall 1) und Elementarfall 2). Für Elementarfall 1) fanden wir bereits, daß die Deformation in Richtung der Meridianmittelfaser $u_1 = 0$; in Richtung des Krümmungsradius

Formeln für die ausführliche Berechnung von in der Mitte vollen Kugelschalen

$$w_1 = -R\frac{(1-\nu)\sigma_{r1}}{E}$$

sei, für Randbedingung A ist allgemein

$$w_A = w_1 + w_2 = -R\frac{(1-\nu)\sigma_{r1}}{E} + k_A \cos\alpha - \frac{R}{E}(\sigma_{r2} + \sigma_{t2}).$$

Für $\alpha = 0$ wird $\cos\alpha = 1$, $w_A = 0$, weil wir vom Scheitelpunkt ausgehen. Für σ_{r2} und σ_{t2} sind die Werte einzusetzen, die wir an Hand der Gleichungen (37) und (39) für $\alpha = 0$ berechnen können. Dadurch sind alle Unterlagen geschaffen, um die Konstante k_A berechnen zu können. Weil für $\alpha = 0$, $w_a = 0$ und $\sigma_{r2} = \sigma_{t2}$, so ist:

(67) $\qquad k_A = \frac{R}{E}\{2\sigma_{r2} + (1-\nu)\sigma_{r1}\}$ für $\alpha = 0$.

Diese Konstante in die Gleichungen (65) und (66) eingeführt erhalten wir für Fall A:

(68) $\qquad u_A = k_A \sin\alpha - \frac{R}{E}\operatorname{tg}\alpha\,(1+\nu)\sigma_{r2}$

(69) $\qquad w_A = k_A \cos\alpha - \frac{R}{E}\{(\sigma_{r2} + \sigma_{t2}) + (1-\nu)\sigma_{r1}\}.$

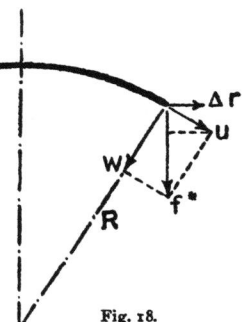

Fig. 18.

In diese Gleichungen sind der Reihe nach die verschiedenen Winkel von $\alpha = 0$ bis α_a und die nach den Gleichungen (37) und (39) für den jeweiligen Winkel α zu berechnenden Werte für σ_{r2} und σ_{t2} einzusetzen, und so erhält man die zu diesen Winkeln bzw. den zugehörigen Punkten P der Meridianmittelfaser (vgl. Fig. 18) gehörigen Werte von u_A und w_A.

Für die andern Randbedingungen wollen wir nur noch die nackten Formeln aufstellen, da wir über deren Gebrauch nunmehr aufgeklärt sind:

Deformation für Randbedingung B (Rand drehbar, radial nicht nachgiebig).

(70) $\qquad k_B = \frac{R}{E}\{2f\sigma_{r2} + (1-\nu)\sigma_{r1}\}$

wo σ_{r2} aus (Gl. 37) für $\alpha = 0$, f aus Gl. (33) für $\alpha = \alpha_a$ einzusetzen sind.

(71) $\qquad u_B = k_B \sin\alpha - \frac{R}{E}\operatorname{tg}\alpha\,(1+\nu)f\sigma_{r2}$

(72) $\qquad w_B = k_B \cos\alpha - \frac{R}{E}\{f(\sigma_{r2} + \sigma_{t2}) + (1-\nu)\sigma_{r1}\}$

wo σ_{r2} und σ_{t2} aus Gl. (37) und (39) für $\alpha = \alpha$; f aus (33) $\alpha = \alpha a$ einzusetzen sind.

Deformation für Randbedingung C (Rand nicht drehbar, radial frei nachgiebig).

(73) $\qquad k_C = \frac{R}{E}\{2\sigma_{r3} + (1-\nu)\sigma_{r1}\}$

wo σ_{r3} aus Gl. (41) für $\alpha = 0$; σ_{r1} stets aus Gl. (35) zu berechnen sind

(74) $\qquad u_C = k_C \sin\alpha - \frac{R}{E}\operatorname{tg}\alpha\,(1+\nu)\sigma_{r3}$

(75) $\qquad w_C = k_C \cos\alpha - \frac{R}{E}\{(\sigma_{r3} + \sigma_{t3}) + (1-\nu)\sigma_{r1}\}$

wo σ_{r3} und σ_{t3} aus Gl. (42) und (43) für $\alpha = \alpha$ berechnet werden.

16   Formeln für die ausführliche Berechnung von in der Mitte vollen Kugelschalen

Deformation für Randbedingung D (Rand nicht drehbar, radial nicht nachgiebig).

(76) $$k_D = \frac{R}{E} \{ 2 g \sigma_{r3} + (1 - \nu) \sigma_{r1} \}$$

wo σ_{r3} aus Gl. (41) für $\alpha = 0$; g aus Gl. (34) für $\alpha = \alpha_a$ berechnet werden

(77) $$u_D = k_D \sin \alpha - \frac{R}{E} \operatorname{tg} \alpha (1 + \nu) g \sigma_{r3}$$

(78) $$w_D = k_D \cos \alpha - \frac{R}{E} \{ g(\sigma_{r3} + \sigma_{t3}) + (1 - \nu) \sigma_{r1} \}$$

wo σ_{r3} und σ_{t3} aus Gl. (41) und (43) für $\alpha = \alpha$; g aus Gl. (34) für $\alpha = \alpha_a$ bestimmt werden.

Nach diesen vorbereitenden Rechnungen finden wir endlich die Deformationen f^* in Richtung der Symmetrieachse und Δr in Richtung senkrecht zur Symmetrieachse, indem wir in die Gleichungen (61) und (62) der Reihe nach die Wertepaare u_A und w_A, sodann u_B und w_B usw. einsetzen. Tun wir dies jeweils auch für alle Winkel $\alpha = 0$ bis α_a, so erhalten wir über den ganzen Meridianschnitt die Deformation aller Punkte der Mittelfaser für alle vier Randbedingungen. Wir werden diese Arbeit an Hand eines völlig durchgerechneten Zahlenbeispiels zeigen.

IV. Rechnerische Untersuchung der Randbedingungen A bis D.

In den Fig. 19 bis 22 sind die aus der ersten völligen Durchrechnung abgeleiteten Spannungsdiagramme ersichtlich. Der Rechnung liegen folgende Hauptdaten zugrunde (siehe Fig. 23):

$r_a = 135$ cm; $s = 2$ cm; $R = 270$ cm; $p = 1$ kg/cm²;

Material: Gußeisen ($\nu = 0{,}2$); $\left(\frac{R}{r_a}\right) = 2$; $\left(\frac{R}{s}\right) = 135$; $\mu = 3{,}4 \left(\frac{R}{s}\right) = 459$.

Die Diagramme Fig. 19 bis 22 zeigen für die verschiedenen Abstände r der Punkte des Meridianschnitts den ähnlichen Verlauf wie die allgemeingültigen Fig. 14 bis 17.

Nach den absoluten Werten der Maximalspannungen geordnet nehmen die den vier Randbedingungen zugehörigen Spannungsdiagramme folgende Reihenordnung ein:

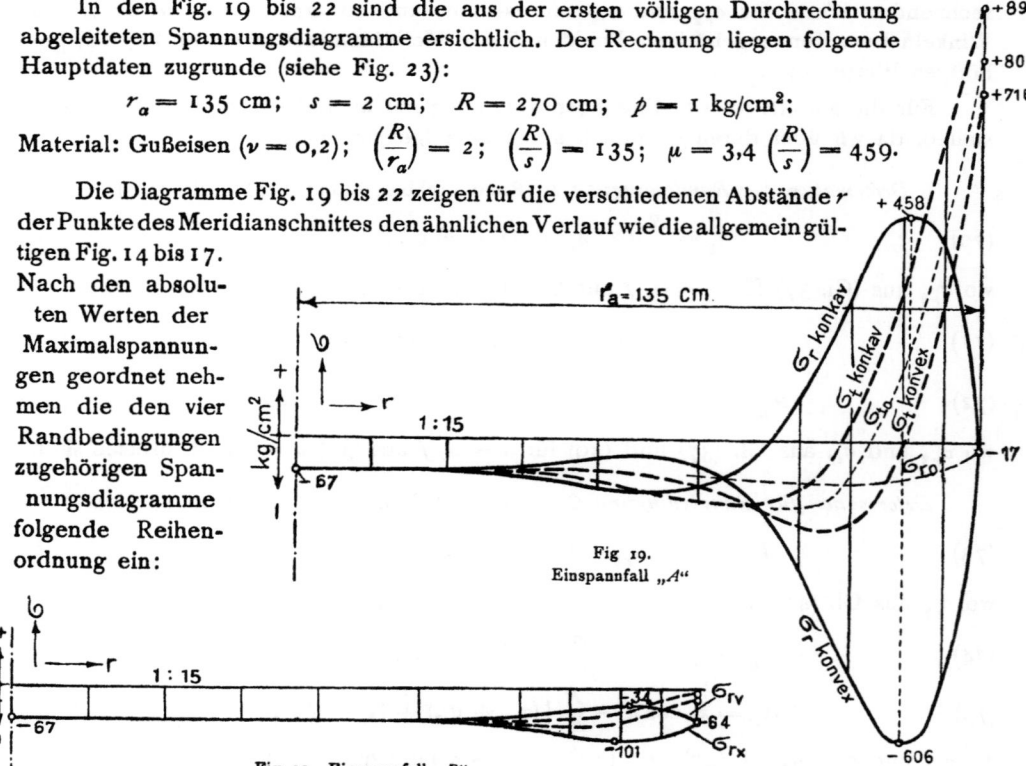

Fig 19. Einspannfall „A"

Fig. 20. Einspannfall „B"

Formeln für die ausführliche Berechnung von in der Mitte vollen Kugelschalen 17

	Diagr. Fig.	19	21	22	20	
	Randbedingung	A	C	D	B	
	σ_{max}	$+894$	-797	-164	-101	kg/cm²
Diese verhalten sich dem abs. Werte nach wie		100 :	89,2 :	18,4 :	11,3	
oder wie		8,84 :	7,87 :	1,62 :	1	

Es war nun zu untersuchen, ob diese Verhältnisse nur zufällige oder, wenigstens ihrer Ordnung nach, allgemein gültige seien. Zu diesem Behuf wurden weitere Beispiele je für $p = 1$ kg/cm² durchgerechnet. Das Beispiel I, welches oben soeben behandelt wurde, ferner die Beispiele II und III, V und VI betreffen je eine Gußeisen- ($\nu = 0,2$), das Beispiel IV eine Flußeisenschale ($\nu = 0,3$). Die Beispiele I bis V sind auf die ganze radiale Ausdehnung, die Beispiele VI und VII nur für den Randquerschnitt durchgerechnet. Die Meridianschnitte aller dieser Schalen finden sich maßstäblich in den Fig. 23 bis 28. Die Rechnungsbedingungen und die Hauptergebnisse sind in der Zahlentabelle 3 zusammengestellt.

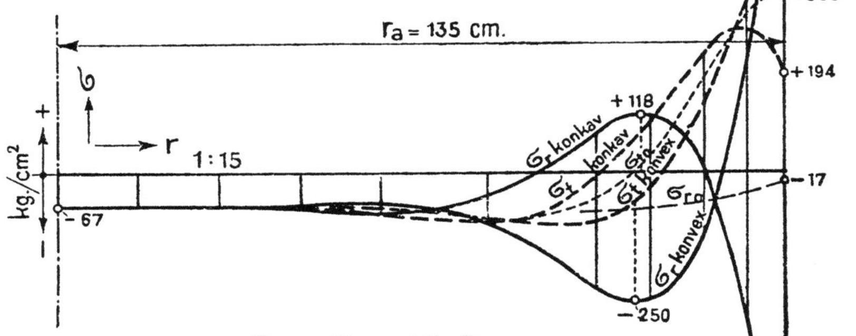

Fig. 21. Einspannfall „C"

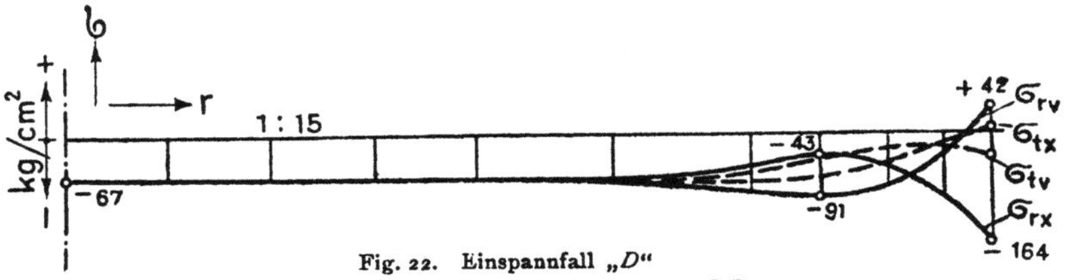

Fig. 22. Einspannfall „D"

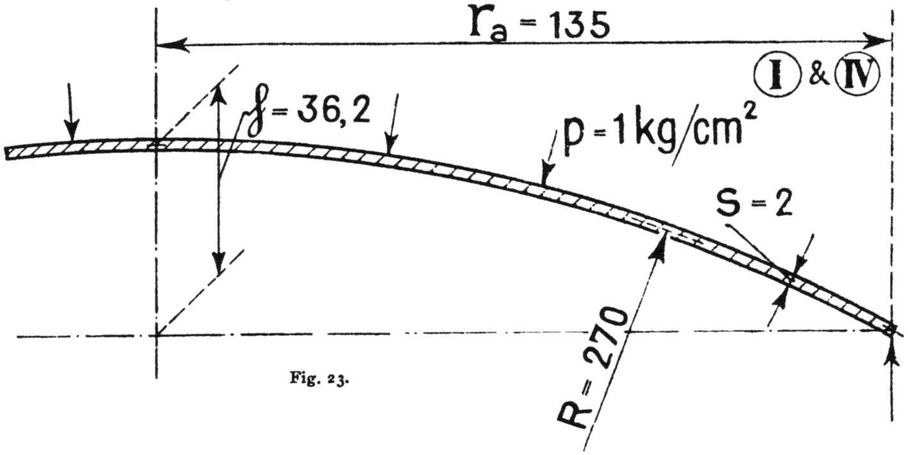

Fig. 23.

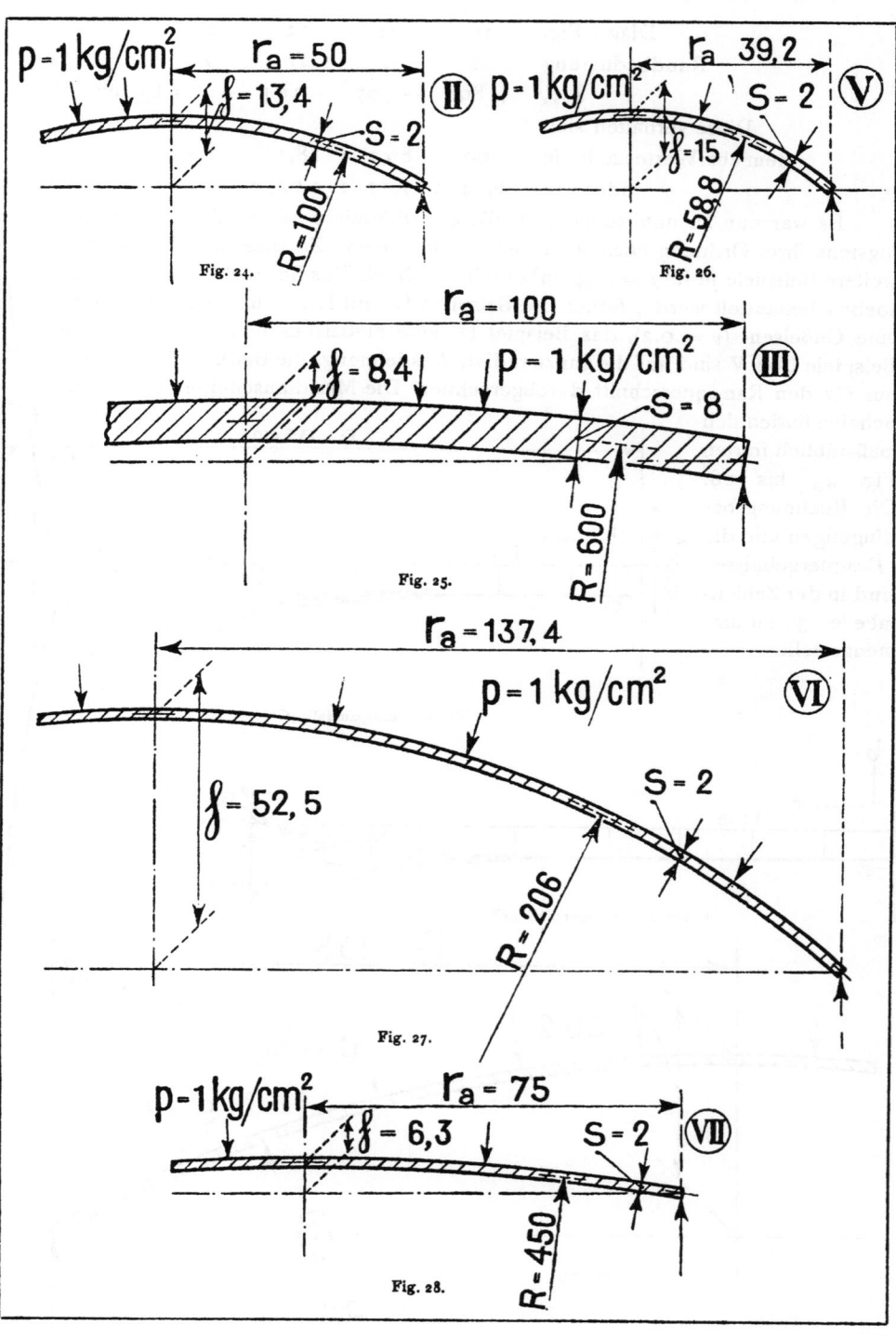

Fig. 24.
Fig. 25.
Fig. 26.
Fig. 27.
Fig. 28.

Zahlentabelle 3

Detail-Rechnungen	I		II		III		IV		V		VI		VII	
Material	Gußeisen		Gußeisen		Gußeisen		Flußeisen		Gußeisen		Gußeisen		Gußeisen	
$r_a =$	135		50		100		135		39,2		137,4		75	
$s =$	2		2		8		2		2		2		2	
$R =$	270		100		600		270		58,8		206		450	
$\left(\frac{R}{r_a}\right) =$	2		2		6		2		1,5		1,5		6	
$\left(\frac{R}{s}\right) =$	135		50		75		135		29,4		103		225	
Rand *drehbar* radial	A nachg.	B fest	A nachg.	B fest	A nachg.	B fest	A nachg.	B fest	A nachg.	B fest	A nachg.	B fest	A nachg.	B fest
$\sigma_{r1} = \sigma_k = -\frac{p}{2}\left(\frac{R}{s}\right) =$	$-67,5$	$-67,5$	$-25,0$	$-25,0$	$-37,5$	$-37,5$	$-67,5$	$-67,5$	$-14,7$	$-14,7$	$-51,5$	$-51,5$	$-112,5$	$-112,5$
σ^A_{max} bzw. $\sigma^B_{max} =$	$+894$	-101	$+199,6$	$-38,5$	$+133$	-67	$+870$	-100	$+101$	-24	$+671,5$	$-82,8$	$+774,5$	-179
$\sigma_{max} : \sigma_k =$	$-13,25$	$+1,5$	$+7,99$	$+1,54$	$+3,5$	$+1,8$	$-12,9$	$+1,5$	$-6,9$	$+1,6$	-13	$+1,6$	$-6,9$	$+2,4$
Aus Spannungstafel A u. B $\sigma_M = \sigma_B + \frac{1}{3}\sigma_A$	σ_A $+898$	σ_B -108	σ_A $+206$	σ_B -40	σ_A $+143$	σ_B -60	σ_A -898	σ_B -108	σ_A $+104$	σ_B $-23,6$	σ_A $+694$	σ_B $-82,8$	σ_A $+746$	σ_B -179
	407,3		108,8		107,7		407,3		58,3		314		427	
Rand *nicht drehbar* radial	C nachg.	D fest	C nachg.	D fest	C nachg.	D fest	C nachg.	D fest	C nachg.	D fest	C nachg.	D fest	C nachg.	D fest
$\sigma_{r1} = \sigma_k = -\frac{p}{2}\left(\frac{R}{s}\right) =$	$-67,5$	$-67,5$	$-25,0$	$-25,0$	$-37,5$	$-37,5$	$-67,5$	$-67,5$			$-51,5$	$-51,5$	$-112,5$	$-112,5$
σ^C_{max} bzw. $\sigma^D_{max} =$	-797	-164	-182	$-61,2$	-105	-82	-805	$-155,3$			-622	-127	-632	-274
$\sigma_{max} : \sigma_k =$	$+11,8$	$+2,43$	$+7,3$	$+2,45$	$+2,8$	$+2,2$	$+11,9$	$+2,3$			$+12$	$+2,5$	$+5,6$	$+2,4$
Meridianschnitt Fig.	23		24		25		23		26		27		28	

20 Vergleich der bei den Randbedingungen *A* und *B* auftretenden Maximalspannungen

Alle völlig durchgeführten Beispiele, deren Spannungsdiagramme ersichtlich sind
von Beispiel I Einspannfälle *A* bis *D* in den Diagrammen 19—22
„ „ II „ „ „ „ „ „ 29—32
„ „ III „ „ „ „ „ „ 33—36
„ „ IV „ „ „ „ „ „ 37—40

zeigen eindeutig, daß die höchste Maximalspannung bei der Randbedingung *A*, die
niederste bei der Randbedingung *B* auftritt. [Vom Beispiel V sind die Diagramme
wegen Platzersparnis nicht wiedergegeben.]

V. Vergleich der bei den Randbedingungen *A* und *B* auftretenden Maximalspannungen mit der Spannung in einer Hohlkugel und Herleitung einer empirischen Formel für Fall B.

Laut Zahlentabelle 3, Reihe 13 beträgt das Verhältnis der in einer am Rand frei aufliegenden Kugelschale (Fall A) auftretenden max. Spannung σ_{max}^A zur Spannung σ_k in den Rechnungsbeispielen

   I   II   III   V   VI   VII
$(\sigma_{max}^A : \sigma_k) = -13{,}25 \quad -6{,}32 \quad +3{,}7 \quad -6{,}9 \quad -13 \quad -6{,}9$

Das entsprechende Verhältnis der am Rand frei drehbaren, aber radial
nicht nachgiebigen Schale (Fall B) zur Hohlkugel beträgt

$(\sigma_{max}^B : \sigma_k) = +1{,}5; \quad +1{,}54; \quad +1{,}8; \quad +1{,}6; \quad - \quad -$

Das Mittel aus den letzten Werten beträgt angenähert 1,6. Diese vier
Beispiele betreffen Schalen mit weit auseinander liegenden
Abmessungsverhältnissen. Ihre Werte gelten nicht nur für die
drei Beispiele allein, sondern auch für alle dem jeweilig gleichen Verhältnis $\left(\dfrac{R}{r_a}\right) = 1{,}5$ bzw. 2 bzw. 6 zugehörigen Wertepaare r_a und s, deren Spannungswerte σ_{max} in der Kurventafel A auf gleicher Höhe liegen. So haben z. B. alle für das Beispiel II ausgerechneten

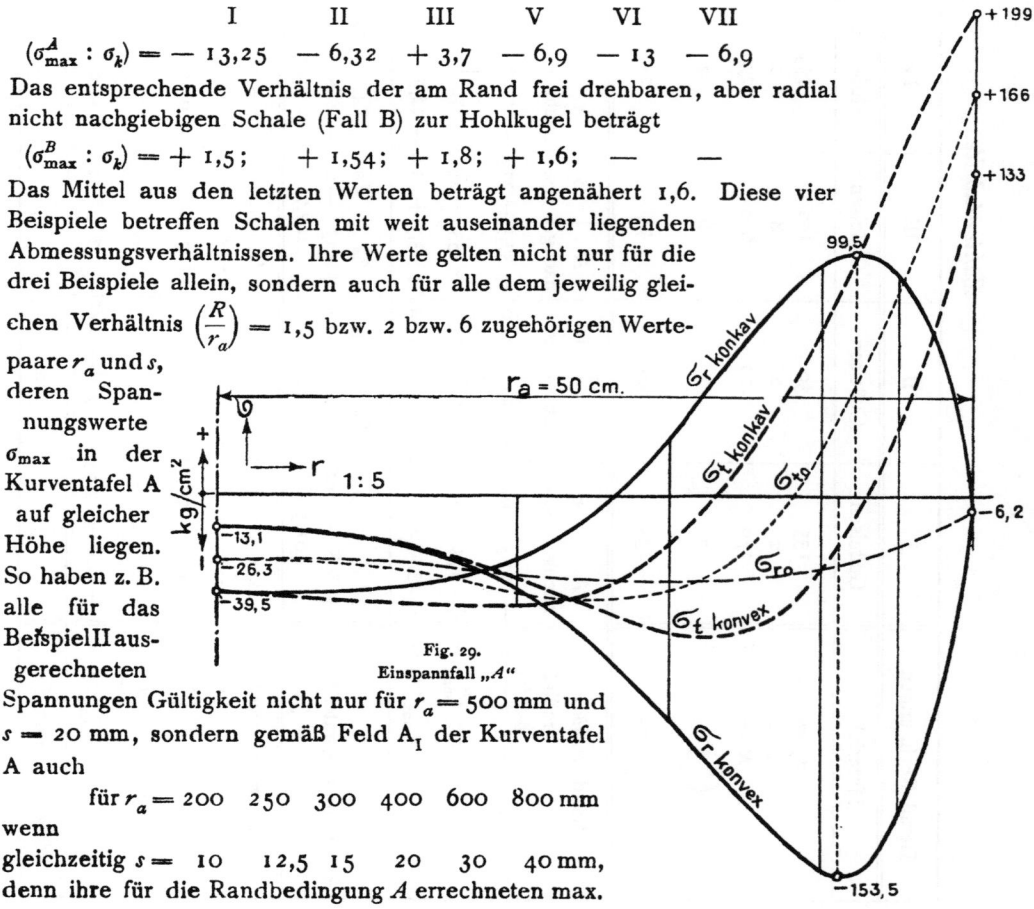

Fig. 29.
Einspannfall „*A*"

Spannungen Gültigkeit nicht nur für $r_a = 500$ mm und
$s = 20$ mm, sondern gemäß Feld A_I der Kurventafel
A auch

für $r_a = 200 \quad 250 \quad 300 \quad 400 \quad 600 \quad 800$ mm

wenn
gleichzeitig $s = 10 \quad 12{,}5 \quad 15 \quad 20 \quad 30 \quad 40$ mm,
denn ihre für die Randbedingung *A* errechneten max.

Vergleich der bei den Randbedingungen A und B auftretenden Maximalspannungen

Spannungen liegen im Feld A_I der Tafel A auf dem für $\left(\frac{R}{r_a}\right) = 2$ gestrichelt dargestellten Kurvenbüschel auf gleicher Höhe, nämlich etwa 150 kg/cm².

Wir dürfen demnach die interessante und für die Praxis hinreichend genaue Faustformel aufstellen:

Für die Radienverhältnisse $\left(\frac{R}{r_a}\right) = 1{,}5$ bis 6 beträgt beim Einspannfall B, d. h. Rand drehbar, aber radial nicht nachgiebig:

$$\sigma_{\max}^B \sim 1{,}6\,\sigma_k = -1{,}6\,\frac{p}{2}\left(\frac{R}{s}\right)$$

(Emp. Gl. II) $\quad\sigma_{\max}^B = -0{,}8\,p\left(\frac{R}{s}\right).$

Weil dem Konstrukteur jedoch in der Regel die Werte r_a, s und $\left(\frac{R}{r_a}\right)$ zur Hand sind, so kann die Gleichung II auch in die Form gebracht werden

(Emp. Gl. IIa) $\quad\sigma_{\max}^B = -0{,}8\,p\left(\frac{r_a}{s}\right)\left(\frac{R}{r_a}\right).$

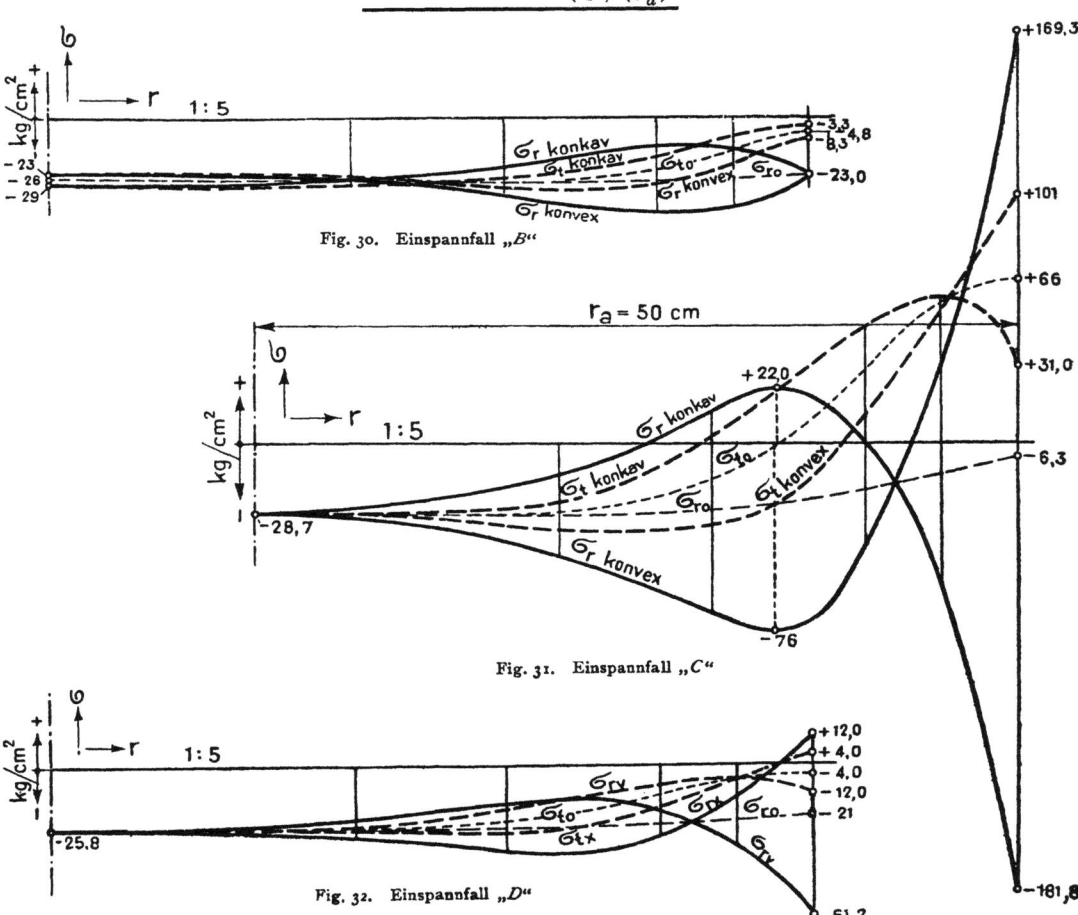

Fig. 30. Einspannfall „B"

Fig. 31. Einspannfall „C"

Fig. 32. Einspannfall „D"

Die Spannungstafeln A und B

So einfach die Gleichungen II und IIa für die Berechnung der Höchstspannung in einer nach Randbedingung B abgestützten Schale auch sind, so habe ich, schon des bildlichen Vergleiches wegen und um Rechnungsfehlern vorzubeugen, in Kurventafel B Ausrechnungswerte nach Gleichung II graphisch aufgetragen. Wie bei Kurventafel A sind als Ordinaten die Außenradien r_a in mm, als Abszissen die Werte σ_{max}^B in kg/cm² aufgetragen und die für die Bedingung „s = konstant" gültigen Punkte durch Kurven verbunden. Das Feld B_I gilt für $\left(\frac{R}{r_a}\right) = 1,5$ (ausgezogene Kurven) und für $\left(\frac{R}{r_a}\right) = 2$ (gestrichelte Kurven). Im Feld B_{II} gelten die ausgezogenen Kurven für $\left(\frac{R}{r_a}\right) = 3$, die gestrichelten für $\left(\frac{R}{r_a}\right) = 6$. In Wirklichkeit sind die „Kurven" durchwegs „Gerade", weil σ_{max}^B für ein gegebenes $\left(\frac{R}{r_a}\right)$ und eine gegebene Dicke s in einem linearen Verhältnis steht zu r_a. Beide Felder gelten für p = konst. = 1 kg/cm². Für einen andern spez. Druck müssen die Diagrammwerte mit dem entsprechenden p multipliziert werden.

Leider mußte in der Kurventafel B ein viel größerer Maßstab für σ_{max}^B gewählt werden als in der Tafel A, weil sie sonst zu undeutlich geworden wäre.

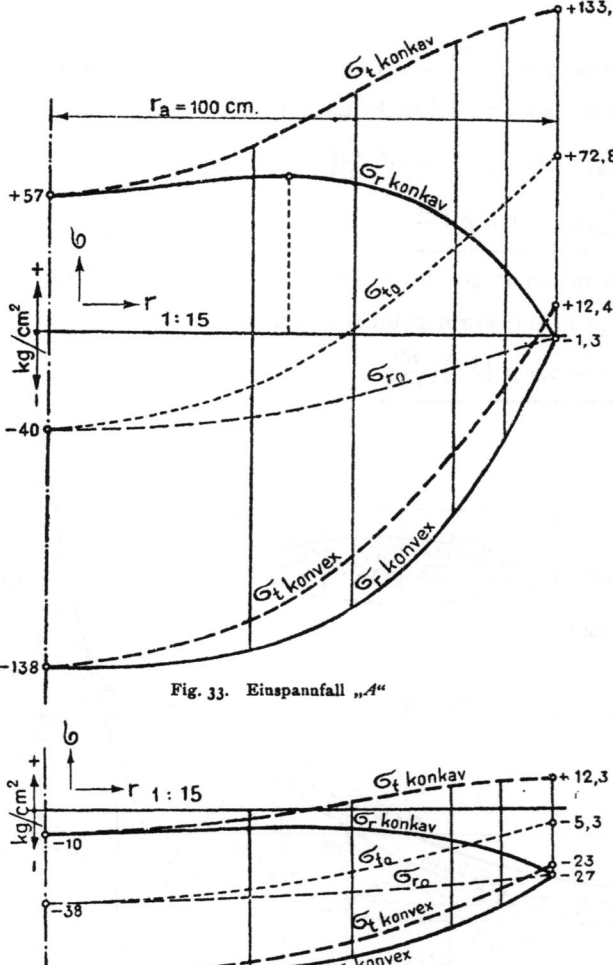

Fig. 33. Einspannfall „A"

Fig. 34. Einspannfall „B"

VI. Die Spannungstafeln A und B.

Nachdem festgestellt ist, daß unter sonst gleichen Bedingungen die Randbedingung A die größte, die Randbedingung B die geringste Maximalspannung (σ_{max}) liefert, welche für die Wahl des Materials, die Plattendicke s, und das Wölbungsverhältnis $\left(\frac{R}{r_a}\right)$ rückbestimmend ist, haben die Tafeln A und B einen hohen praktischen Wert. Wohl werden die wirklichen Fälle sich mehr den Randbedingungen C und D

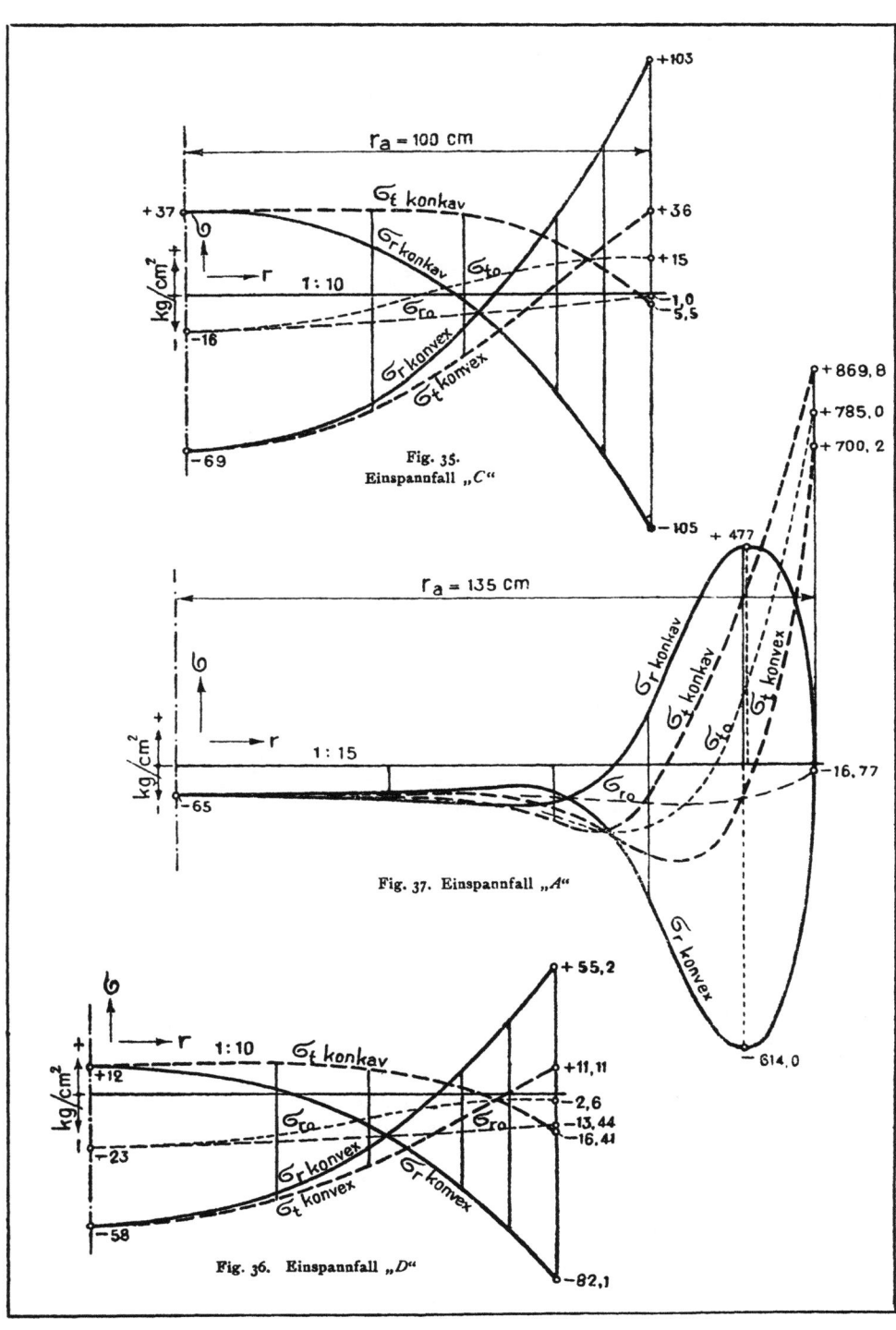

Fig. 35. Einspannfall „C"

Fig. 37. Einspannfall „A"

Fig. 36. Einspannfall „D"

nähern. Man weiß aber nicht, welchem von beiden und wie sehr. Deshalb ist dem Konstrukteur schon gedient, wenigstens die Grenzwerte σ_{max}^A und σ_{max}^B kennen zu lernen, und diese kann er aus den Spannungstafeln A und B ablesen für $p = 1$, also leicht umrechnen für $p = p$ kg/cm².

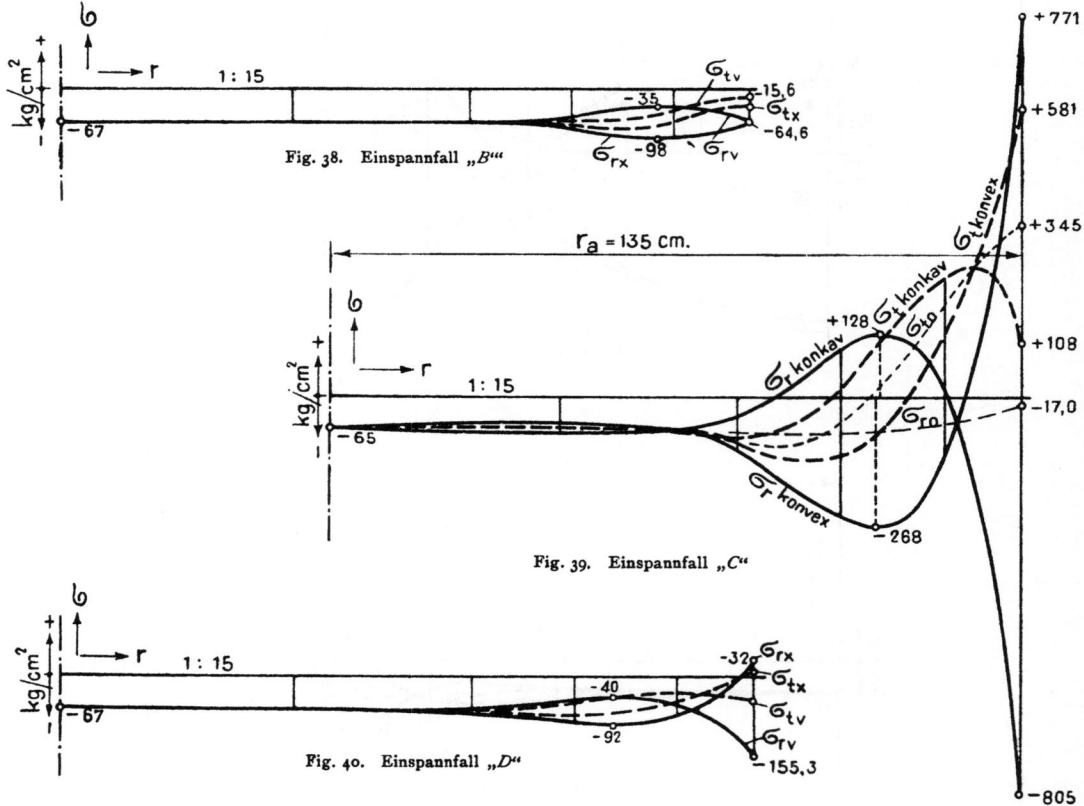

Fig. 38. Einspannfall „B".

Fig. 39. Einspannfall „C".

Fig. 40. Einspannfall „D".

VII. Einfluß der Plattenwölbung.

Im Diagramm Fig. 41 ist als Auszug aus der Spannungstafel A für die Randbedingung A und für $p = 1$ kg/cm² die Abhängigkeit der Maximalspannung σ_{max}^A vom Verhältnis $\left(\dfrac{R}{r_a}\right)$ für die Plattendicken $s = 20, 30, 40$ und 50 mm dargestellt. Hat eine Gruppe von Platten z. B. die konstante Dicke $s = 20$ mm und gibt man den Platten verschiedene Wölbungen, so daß das Radienverhältnis

$$\left(\dfrac{R}{r_a}\right) = 1{,}5 \quad 2 \quad 3 \quad 6 \quad 10$$

so wird $\sigma_{max}^A = 320 \quad 405 \quad 550 \quad 830 \quad 1075$ kg/cm².

Diese Spannungen stehen im Verhältnis

$$100 : 128 : 172 : 259 : 336.$$

Einfluß der Plattenwölbung

Im Diagramm 42) sind die gleichen Spannungswerte in Abhängigkeit von der Plattendicke s (in mm gemessen) für verschiedene Radienverhältnisse $\left(\dfrac{R}{r_a}\right)$ aufgetragen. Danach kann für $p = 1$ kg/cm² z. B. die Spannung $\sigma_{max}^A = 300$ kg/cm² eingehalten werden, wenn

$\left(\dfrac{R}{r_a}\right) = 1{,}5 \quad 2 \quad 3 \quad 6 \quad 10$

und gleichzeitg

$s = 20 \quad 25 \quad 30 \quad 39 \quad 47$ mm.

Während also eine Platte unter sonst gleichen Verhältnissen beim Wölbungsgrad $\left(\dfrac{R}{r_a}\right) = 2$ eine Dicke von z. B. 25 mm erhält, kann die Dicke auf 20 mm, also um $1/5$ vermindert werden, wenn $\left(\dfrac{R}{r_a}\right) = 1{,}5$ statt 2 gewählt wird.

Die Diagramme 43) und 44) zeigen Auszüge aus der Spannungstafel B, welche den in den Fig. 41 und 42 dargestellten Auszügen aus der Tafel A entsprechen.

Greift man auch hier eine Gruppe von Platten heraus, deren Dicke durchwegs $s = 20$ mm, und deren Radienverhältnis

$\left(\dfrac{R}{r_a}\right) = 1{,}5 \quad 2 \quad 3 \quad 6$

so ist

$\sigma_{max}^B = 48 \quad 64 \quad 96 \quad 192$ kg/cm².

Wieviel ungünstiger der Einspannfall A ist als der Einspannfall B, zeigt die Verhältnisreihe

$\dfrac{\sigma_{max}^A}{\sigma_{max}^B} = 6{,}67 \quad 6{,}35 \quad 5{,}75 \quad 5{,}60$ fach.

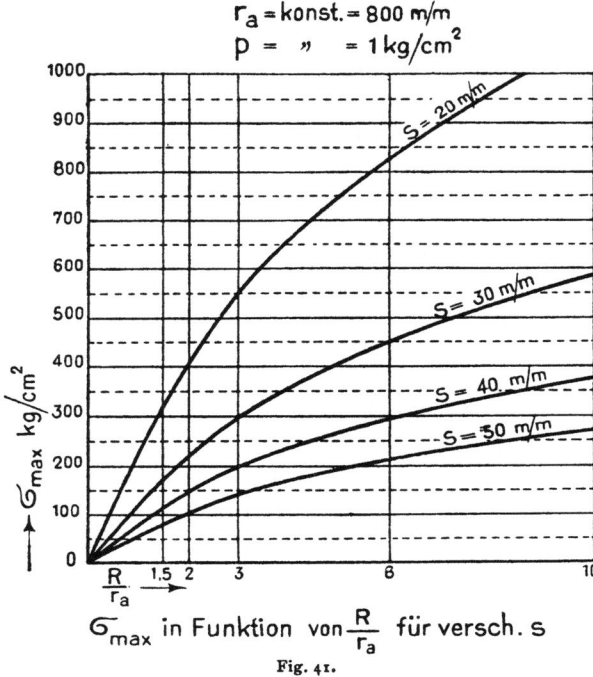

σ_{max} in Funktion von $\dfrac{R}{r_a}$ für versch. s

Fig. 41.

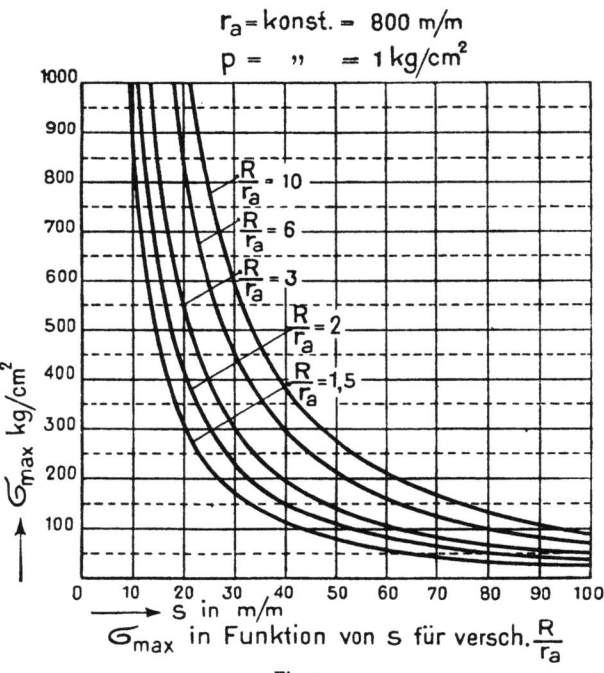

σ_{max} in Funktion von s für versch. $\dfrac{R}{r_a}$

Fig. 42.

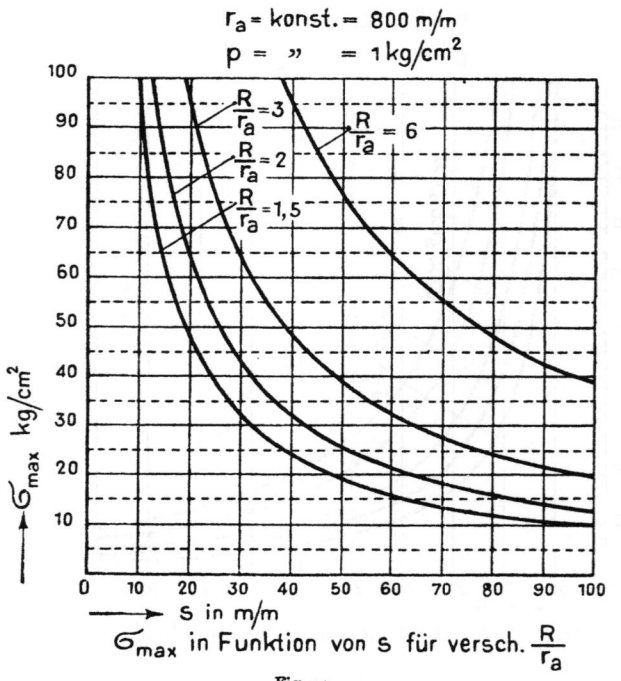

Fig. 43. σ_{max} in Funktion von $\frac{R}{r_a}$ für versch. s

Fig. 44. σ_{max} in Funktion von s für versch. $\frac{R}{r_a}$

Um dem Konstrukteur ein Bild zu geben von den verschiedenen Radienverhältnissen und den hierdurch bedingten „Baulängen" bzw. „Pfeilhöhen", wurde die Fig. 45 ausgearbeitet. Sie zeigt den Verlauf der Meridianmittellinie für verschiedene $\left(\frac{R}{r_a}\right)$ wenn r_a = 100 „Längeneinheiten" mißt. Hierfür läßt sich die Pfeilhöhe $\mathfrak{h} = R(1 - \cos\alpha)$, wobei $\sin\alpha = \frac{r_a}{R}$, rechnerisch oder an Hand der Fig. 45 graphisch ermitteln.

Für $\left(\frac{R}{r_a}\right) = $ 1,5 2 3 6 10

ist $\mathfrak{h} = $ 38,3 26,8 17,1 8,39 5,01 „Einheiten".

In Fig. 46 sind die Pfeilhöhen $\mathfrak{h}$ in Funktion von $\left(\frac{R}{r_a}\right)$ aufgetragen für ein konstantes r_a = 100 „Längeneinheiten".

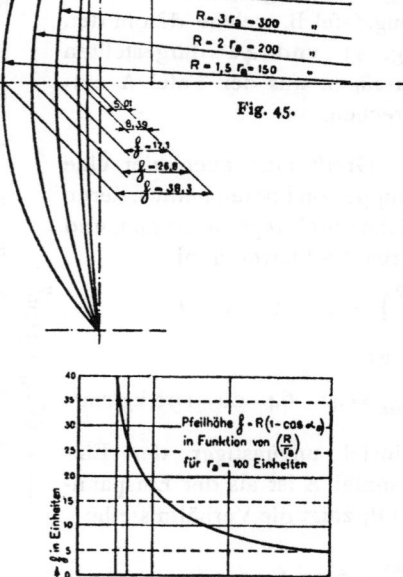

Fig. 45.

Fig. 46.

Die Spannungstafeln A und B, sowie die Diagramme 41 bis 46 ermöglichen dem Konstrukteur, abzuwägen, ob er eine größere oder kleinere Pfeilhöhe seiner Kugelschale zulassen müsse oder wolle, um dadurch einen kleineren oder größeren Wert der Maximalspannung in Kauf zu nehmen.

VIII. Mittel, um den Einspannungsfall B herbeizuführen
(Rand drehbar, aber radial nicht nachgiebig).

Wir erinnern uns, daß von allen vier Randbedingungen A bis D die Bedingung B die kleinste max. Spannung liefert. Nun muß aber noch festgestellt werden, welche Außenkräfte erforderlich sind, um diesen Spannungszustand herbeizuführen.

Die Randbedingung B erheischt kein Drehmoment am Außenrand, wohl aber eine radial wirkende Stützkraft. Dieselbe beträgt pro 1 cm Randumfang auf die Plattendicke s in cm

(79) $$H = 1 \text{ cm} \times s \text{ cm} \times \sigma_{r_0} \cdot \cos \alpha.$$

In diese Gleichung ist für σ_{r_0} der aus Gl. (49) sich ergebende Wert $\sigma_{r_0} = \sigma_{r1} + f\sigma_{r2}$ für $\alpha = \alpha_a$ einzusetzen. Gemäß Zahlentabelle 3 ist in

	Zahlenbeispiel I	II	III	V	VI
für $\alpha = \alpha_a$ das Verhältnis $(\sigma_{r_0}^B : \sigma_k) \cos \alpha_a =$	0,82	0,78	0,71	0,80	0,86

Daraus folgt als Mittelwert

$$\sigma_{r_0}^B \cos \alpha = 0{,}8 \, \sigma_k = -0{,}4 \, p \left(\frac{r_a}{s}\right)\left(\frac{R}{r_a}\right) = -0{,}4 \, p \left(\frac{R}{s}\right).$$

Durch Einsetzen dieser Werte in die Gleichung (79) erhalten wir

(80) $$H = -0{,}4 \, pR$$

(81) $$H = -0{,}4 \, ps \left(\frac{r_a}{s}\right)\left(\frac{R}{r_a}\right).$$

Die senkrecht zur Symmetrieachse gerichtete spez. Umfangskraft H kann beispielsweise ausgeübt werden durch einen über den Schalenrand gelegten *Schrumpfring*, wie dies in Fig. 47 schematisch dargestellt ist. Sein Meridianquerschnitt sei F in cm² und seine mittlere Normalspannung σ_s in kg/cm². Nach der sog. Kesselformel besteht die Beziehung

(82) $$F \cdot \sigma_s = r_a \cdot H = 0{,}4 \, p r_a R$$

[σ_s ist eine Zugspannung (+), wenn der Schrumpfring auf die Platte eine Druckspannung (−) ausübt.]

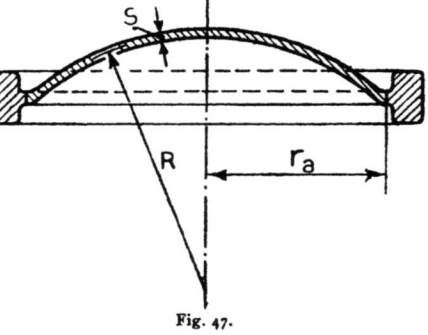

Fig. 47.

(82) $$F\sigma_s = 0{,}4 \, p \cdot s \cdot r_a \cdot \left(\frac{r_a}{s}\right)\left(\frac{R}{r_a}\right).$$

Je nach der Wahl des Materials für den Schrumpfring ist die zulässige Beanspruchung σ_s vorgeschrieben und danach berechnet sich der Querschnitt des Ringes

(82) $$F = 0{,}4 \, \frac{p}{\sigma_s} r_a R \qquad \text{oder}$$

(83) $$F = 0{,}4 \frac{p}{\sigma_z} s \cdot r_a \left(\frac{r_a}{s}\right)\left(\frac{R}{r_a}\right).$$

Im belasteten Zustand der Schale durch den Überdruck p und den am Rand aufgeschrumpften Ring muß für die Randbedingung B der Außenradius r_a genau gleich sein wie im unbelasteten Zustand. Im unbelasteten Zustand muß der Innenradius des Schrumpfringes also kleiner sein um das Schrumpfmaß

(84) $$\Delta r_a = r_a \cdot \frac{\sigma_z}{E_s} = 0{,}4 \frac{p r_a^2}{E_s F} \cdot R,$$

wo E_s der Elastizitätsmodul des Schrumpfringmaterials ist.

Diese Ergebnisse sollen auf die Zahlenbeispiele I, II und III beispielsweise übertragen werden. Die Schrumpfringe bestehen aus Flußeisen: $E_s = 2\,200\,000$; $\sigma_z = 600$ kg/cm².

	Schale	I	II	III	
	nach Fig.	23	24	25	
	sei belastet mit $p =$	5	5	5	kg/cm²
	Es ist $r_a =$	135	50	100	cm
	$\left(\dfrac{R}{r_a}\right) =$	2	2	6	
	$R =$	270	100	600	cm
nach Gl. (82)	$F =$	122	17	200	cm²
nach Gl. (84)	$\Delta r =$	0,0368	0,0136	0,0272	cm
	$=$	0,368	0,136	0,272	mm.

IX. Kugelschalen aus Flußeisen und Stahl.

Nachdem eine große Zahl von Rechnungen für *gußeiserne* Schalen durchgeführt und danach die Spannungstafel A ausgearbeitet war, wurden an Hand der ausführlichen, aus Bolle's Arbeit abgeleiteten Formeln für die Randbedingung A Kontrollrechnungen für *Flußeisen*-Schalen durchgeführt, wofür der Wert $\nu = 0{,}3$ (statt bei Gußeisen 0,2) und der Wert $\mu = 3{,}3 \left(\frac{R}{s}\right)$, statt $= 3{,}4 \left(\frac{R}{s}\right)$, beträgt. Sicherheitshalber wurde sodann als Zahlenbeispiel IV (vgl. Tabelle 3) eine Flußeisenschale völlig durchgerechnet, welche genau die gleichen Abmessungen hat wie die Gußschale des Beispiels I nach Fig. 23. Die Spannungsbilder Fig. 37 bis 40 der Flußeisenschale stimmen fast genau überein mit denjenigen (Fig. 19 bis 22) der gleichgroßen Gußschale.

Alle von mir durchgeführten Rechnungsergebnisse zeigen das überraschende und für den Konstrukteur wegen der hierdurch erzielten Vereinfachung erfreuliche Resultat, daß unter gleichen Verhältnissen bezügl. Abmessungen, Einspannungsart und Belastung eine *flußeiserne* Schale praktisch die *gleichen* Spannungen erfährt wie eine *gußeiserne* Schale. Etwaige, 6% nicht überschreitende Abweichungen sind vielleicht auf Rechnungsfehler zurückzuführen. Es ist deshalb wohl mit Recht anzunehmen, daß die aufgestellten Spannungsdiagramme und damit auch die Spannungstafeln A und B wie für Guß- so auch Flußeisen und sogar auch für *Stahl* und *Stahlguß* gelten.

X. Winke für die Praxis.

1. Einleitung.

Wie bereits angedeutet wird in den meisten der in der Praxis vorkommenden Fällen die Randbedingung der Kugelschale *zwischen* den Fällen A und B liegen. Der Rand wird weder ganz frei noch gar nicht drehbar, weder radial frei noch gar nicht nachgiebig sein. Die Diagramme Fig. 19 bis 40 lehren, daß man gut tut, die Randabstützung so auszubilden, daß sie in erster Linie radial möglichst wenig nachgiebig ist und dabei womöglich dem Schalenrand eine wenig gehinderte Drehung gestattet, daß also eine möglichste Annäherung an Fall B erwirkt wird. Diese Überlegung gibt Fingerzeige für die Versteifung eines Bodens in sich und — wenn er Abschluß eines zylindrischen Gefäßes ist —, für die richtige Verbindung vom Boden mit dem Zylindermantel.

2. Versteifung eines Kugelbodens in sich.

Ein gemäß Fig. 48 außen an einer Kugelschale angebrachter, hauptsächlich radial gerichteter Flansch wirkt günstiger als ein nach Fig. 49 hauptsächlich achsial

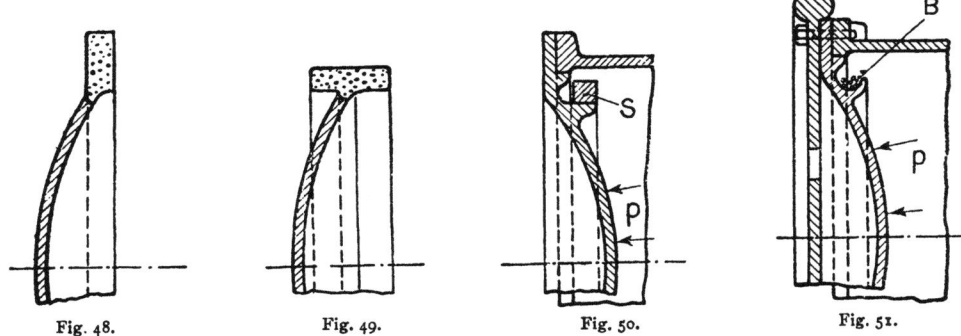

Fig. 48. Fig. 49. Fig. 50. Fig. 51.

gerichteter Flansch. Ersterer ist gegen radialen Zug steifer und läßt sich, in der Bildebene gesehen, leichter verdrehen als letzterer. Eine Versteifung nach Fig. 48 bringt den Boden dem Fall B näher als diejenige nach Fig. 49.

Die beiden aus den Fig. 48 und 49 ersichtlichen Flansche erzeugen aber den erwünschten radialen Widerstand erst allmählich, erst mit zunehmender Belastung der Schale, und eben erst dann, wenn sich in der Schale bereits entsprechende Deformationen und damit Spannungen gebildet haben. Wirksamer als ein solcher angegossener, oder ein entsprechender, angenieteter Flansch ist eine mit Vorspannung einzusetzende Versteifung.

Für eine auf der konvexen Seite belastete Schale empfiehlt sich das Aufsetzen eines Schrumpfringes auf den Rand gemäß der schon oben behandelten Fig. 47. Eine ähnliche, wenn auch nicht so gute Wirkung erzielt das Anbringen eines Schrumpfringes S nach Fig. 50 oder einer Bandage B nach Fig. 51.

Einem auf der konkaven Seite belasteten Boden kann dadurch Vorspannung gegeben werden, daß man einen Hülfsboden H gegen ihn spannt, der einen gegen den Rand hin gerichteten Radialschub ausübt, wie dies bei der Ausführung nach

Fig. 52 der Fall ist. Bei den Versteifungen nach Fig. 53 und 54 erwirkt nicht nur der vorgenannte Radialschub, sondern der von Schrauben *Sch* ausgeübte, achsiale Zug auf die Bodenmitte gegen den Krümmungsmittelpunkt hin eine Annäherung an den Einspannfall B.

In den Fig. 55 und 56 sind zwei hochdruckseitige Böden mit angegossenen Frischdampf-Verteilkanälen für Dampfturbinen gegenübergestellt, wovon der eine

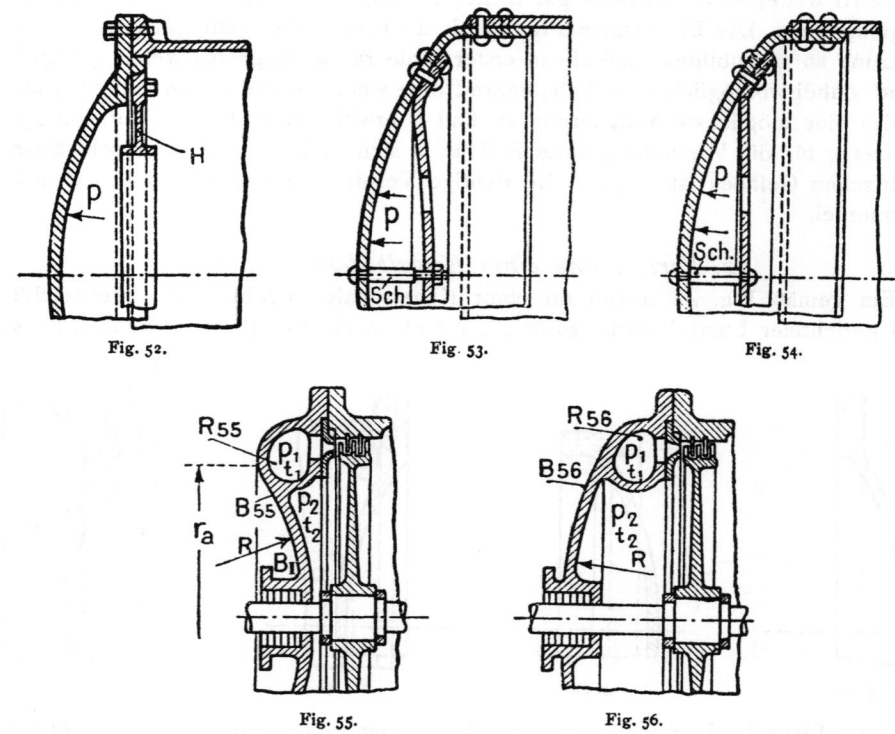

Fig. 52.   Fig. 53.   Fig. 54.

Fig. 55.   Fig. 56.

Boden nach innen, der andere nach außen gewölbt ist. Es soll nun untersucht werden, welche Bauweise bezüglich Biegungsbeanspruchung die günstigere ist: In dem Ringraum R herrsche der Frischdampfüberdruck p_1 und die Temperatur t_1. Auf der rechten Seite der gewölbten Böden herrsche der Überdruck p_2 und die Temperatur $t_2 \sim \frac{1}{2} t_1$. Auf der linken Seite der Böden herrsche atmosphärische Spannung. Von der nach Fig. 55 auf der konvexen Seite mit dem Überdruck p_2 belasteten Kugelschale hat der Rand vom Radius r_a das Bestreben, sich zu vergrößern; der Rand der auf der konkaven Seite belasteten Schale nach Fig. 56 dagegen würde sich verkleinern, wenn die Schale frei dehnbar wäre (nach Einspannfall A). Die beiden Dampfverteilungsringe R_{55} und R_{56}, für sich betrachtet, haben das Bestreben, sich unter dem Einfluß der in ihnen herrschenden Temperatur t_1 zu vergrößern. Der Ring R_{55} weicht also in radialer Richtung nach der gleichen Seite, nämlich gegen außen hin aus, wie der Bodenrand (Fig. 55) für sich betrachtet, bildet also keine Gegenstütze für den Boden. Ja, es ist sogar möglich, daß der Ring R_{55} den Rand des Bodens B_{55} sogar noch nach außen zieht. In dem Boden entsteht nicht nur eine dem Einspannfall A entsprechende Spannungsverteilung gemäß Fig. 14, sondern die maximale Spannung im Bodenrand kann noch größer werden, als wir sie für den Einspannfall A berechnen oder aus der Spannungstafel A ablesen würden. Ganz anders verhält sich ein in Fig. 56 dargestellter Boden. Weil der Dampfring R_{56} für sich seinen mittleren Radius vergrößern, der Boden B_{56} seinen Außenrand verkleinern möchte, sie aber aus einem Stück hergestellt sind, so wird die Verbindungsstelle eine Zwischenlage einnehmen. Ja, es ist sehr wohl möglich, daß diese Verbindungsstelle ihren Abstand von der Bodenaxe gar nicht ändert, und dadurch wird der Boden B_{56} dem Einspannfall B oder zum mindesten dem Fall D nahegebracht, erfährt also eine max. Beanspruchung, die vielleicht nur $1/4$ oder gar $1/8$ derjenigen des Bodens nach Fig. 55 beträgt!

3. Verbindung von Böden mit Zylindermänteln.

In den Figuren 57 und 58 sind zwei Verbindungen schmiedeeiserner Böden mit schmiedeeisernen Mänteln mittels Nieten schematisch dargestellt. In beiden Fällen herrsche im Gefäßinnern ein Überdruck p. In Fig. 57 gesehen würde der Boden,

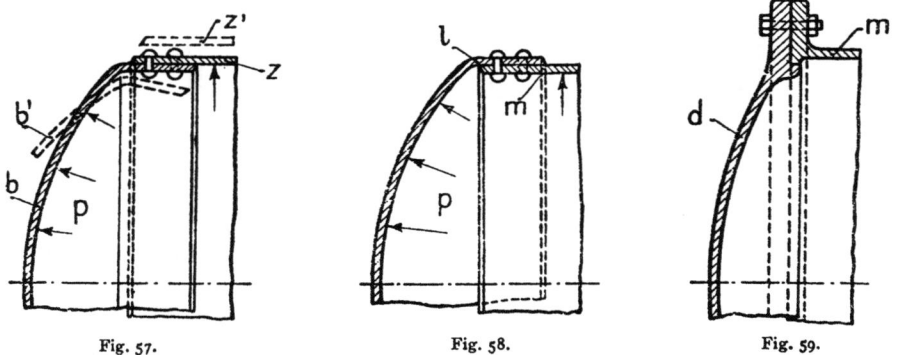

Fig. 57.   Fig. 58.   Fig. 59.

wenn frei aufliegend, in die gestrichelte Lage z' übergehen. Sein angebördelter Flansch würde nach innen rücken und sich im Sinne des Uhrzeigers verdrehen. Der Zylindermantel z würde unter dem alleinigen Einfluß des Überdruckes p sich parallel nach außen verschieben in die gestrichelte Lage b'. Die Ränder werden aber durch die Nieten zusammengehalten, und diese müssen den ganzen für dieses Zusammenhalten erforderlichen Zug aushalten. Überdies haben die Ränder vom Boden und vom Mantel das Bestreben, sich von der gegenüberliegenden Fläche des Mantels bzw. des Bodens abzuheben. Bei der in Fig. 58 dargestellten Ausführung, wo der Bodenrand über den Mantelrand hinübergreift, haben diese Ränder das Bestreben, eng aneinander zu liegen, sich ineinander hineinzupressen. Für eine Verspannung in radialer Richtung gelten hier die Nieten mehr als Sicherheitsglieder. Diese Nieten werden hauptsächlich in Richtung der Gefäßaxe auf Abscheren beansprucht. Eine Verbindung von Boden mit Mantel nach Fig. 58 ist bezüglich Festigkeit und Dichthaltens für Innendruck viel günstiger als diejenige nach Fig. 57. Umgekehrt ist die Verbindung nach Fig. 57 für Außendruck günstiger als die Verbindung nach Fig. 58.

Wird gemäß Fig. 59 ein gußeiserner Mantel m eines zylindrischen Gefäßes mittels eines gußeisernen Deckels d abgeschlossen und in das Gefäß ein Überdruck p gegeben, so werden Mantelende und Deckel, je für sich betrachtet, das Bestreben haben, in die in Fig. 60 schematisch dargestellten Formen überzugehen. Von dem Boden verkleinert sich der Flanschdurchmesser, und der Flansch will sich im Sinne des Uhrzeigers verdrehen. Der Mantel will seinen Durchmesser vergrößern. Abgesehen von der Reibung an der Auflagestelle der beiden Flanschen wird der Mantel m den Boden A nicht hindern, seinen Randradius zu verkleinern. Höchstens die Verdrehung kann teilweise oder ganz vermieden werden, weil sich die beiden Flanschen entgegenwirken. Die Zentrierung des Deckels d im Mantel m hört auf, weil sich dort Spiel einstellt. Der Boden erfährt eine Beanspruchung entsprechend etwa dem Fall C (Rand nicht drehbar, radial nachgiebig), welche im Diagramm Fig. 15 schematisch dar-

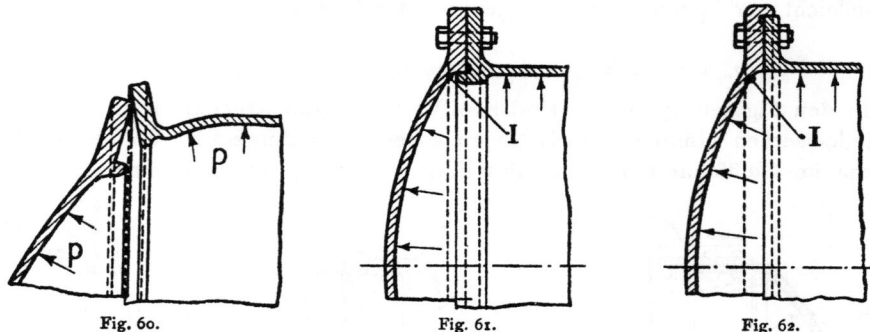

Fig. 60.   Fig. 61.   Fig. 62.

gestellt ist. Wäre aber die Flanschverbindung nach Fig. 61 ausgeführt, wo der Deckelflansch über einen Ringansatz am Mantelflansch übergreift, so würde der letztere nicht nur einer Verdrehung, sondern auch noch einer radialen Verkleinerung des Deckelflansches entgegenwirken, und der Deckel würde eine Beanspruchung erfahren, welche sich der des Falles D (Rand nicht drehbar, radial nicht nachgiebig) nähert und schematisch im Diagramm Fig. 16 dargestellt ist. Die hierbei sich einstellende maximale Spannung σ_{max} ist erheblich kleiner als die bei der Verbindung nach Fig. 59 sich einstellende max. Spannung.

Die gleiche Wirkung wie der nach Fig. 61 ausgebildete Deckelanschluß hat je für Innendruck der nach Fig. 62 konstruierte Anschluß, wo der Deckelflansch mit einem kleinen Randansatz über den Mantelflansch hinübergreift.

Gemäß meiner früheren Untersuchung von Lokomotivzylinderdeckeln[1]) ist darauf zu halten, daß die Flanschen auf ihrer ganzen radialen Ausdehnung satt aufeinander liegen und nicht etwa gegen außen hin voneinander abstehen. In diesem Fall kann es vorkommen, daß wegen eines durch die Verbindungsschrauben erzeugten Drehmomentes die Beanspruchung noch größer ausfällt, als wir sie im Diagramm Fig. 14 für Einspannfall A kennen lernten.

Maximale Spannung in einem Zylinderdeckel mit Flansch.

Ein sehr häufig vorkommender Fall für Anwendung von Kugelschalen ist der Abschluß eines Zylindergefäßes, wobei Deckel und Zylinder mittels Flanschen verbunden sind. Wir haben im vorigen Kapitel gesehen, daß es bei innerem Überdruck für Erreichung einer niederen Maximalspannung günstiger ist, die Flanschenverbindung nach Fig. 61 statt nach Fig. 59 auszuführen. In Nachstehendem wird gezeigt, wie für

---

1) Siehe Schweiz. Bauzeitung vom 7. Juli 1917, Z. d. V. D. I. vom 23. Juni 1917.

die Berechnung eines nach Fig. 61 mit dem Zylindermantel verbundenen Deckels eine einfache empirische Formel aufgestellt werden kann.

Die Verbindung eines Deckels mit einem Zylinder nach Fig. 61 läßt für den Rand des Deckels kaum eine nennenswerte Drehung zu. Dies wird erwirkt: einmal durch den am Deckel selbst angebrachten Flansch, sodann durch dessen Zusammenwirken mit dem Mantel und dessen Flansch. Dagegen vermag der Innendruck eine geringe Verkleinerung des Randradius vom Deckel zu erwirken. Die Gründe für diese Annahme wurden im vorigen Kapitel erläutert. Die Flanschverbindung nach Fig. 61 bedingt im Deckel Beanspruchungen, die denen einer nach Fall D eingespannten Kugelschale naheliegen. Sie sind denselben nicht gleich, weil der Rand doch noch eine kleine Winkeländerung und insbesondere eine Änderung des Radius erfährt. Der Einspannfall nach Fig. 61 liegt also vom Einspannfall D (Fig. 16) aus gesehen gegen den Fall C bzw. den Fall A hin (vgl. Fig. 15 und 14); wir wollen annehmen, daß der maximale Wert der Spannungen um $1/3$ der Differenz zwischen den Maximalwerten von Fall A und Fall D über Fall D gegen A hinausrage. (Hierbei wollen wir also nur die „absoluten" Spannungszahlen ins Auge fassen.) Bezeichnen wir nun mit σ_M den bei Einsp. nach Fig. 61 sich mutmaßlich einstellenden Maximalwert,

mit σ_D den Maximalwert beim Einspannfall D
„ σ_A „ „ „ „ A

so können wir die vorhin ausgesprochene Vermutung in die Gleichung kleiden:

$$|\sigma_M| = |\sigma_D| + \frac{|\sigma_A| - |\sigma_D|}{3}$$

(85) $$\sigma_M = 2/3\,\sigma_D + 1/3\,\sigma_A.$$

Nun zeigt nicht nur die Zahlentafel 3, sondern ich fand durch eine große Zahl von hier nicht wiedergegebenen Durchrechnungen, welche sich über das ganze in den Spannungstafeln A und B berücksichtigte Gebiet der Werte r_a, s und $\left(\frac{R}{r_a}\right)$ verteilen, die einfache Beziehung

(86) $$\sigma_D \sim 2{,}4\,\sigma_k.$$

Ferner lehrt die Zahlentafel 3 an Hand der völlig und für weitauseinanderliegende Verhältnisse durchgeführten Rechnungen, daß

(87) $$\sigma_B \sim 1{,}6\,\sigma_k.$$

Es ist nach Vergleich der Gleichungen (86) und (87)

$$\sigma_D \sim 1{,}5\,\sigma_B$$
$$2/3\,\sigma_D \sim 1{,}0\,\sigma_B$$

und damit läßt sich für die in Fig 61 schematisch dargestellte Flanschenverbindung von Deckel und Mantel für die mutmaßliche max. Beanspruchung die empirische Formel aufstellen:

(Emp. Gl. III) $$\underline{\sigma_M = |\sigma_B| + 1/3\,|\sigma_A|.}$$

Für $p = 1$ kg/cm² und eine gegebene Wertegruppe r_a, s und $\left(\frac{R}{r_a}\right)$ können die Spannungswerte σ_B und σ_A aus den Spannungstafeln B und A abgelesen werden. Es sind ihre absoluten Werte in die empirische Gleichung (III) einzusetzen, und so kann der Wert σ_M auf einfache Weise berechnet werden. Letztere Spannung ist eine Radialspannung im Punkt I der Fig. 61, und zwar positiv, d. h. Zug, wenn der Überdruck auf der konkaven Seite (wie in Fig. 61 und 62), und negativ, d. h. Druck, wenn der Überdruck auf der konvexen Seite des Deckels herrscht (wie in Fig. 15 und 16 für die Fälle C und D bzw. wie in Fig. 63 und 64). Es sei aber ganz besonders betont, daß diese gegenüber σ_A verhältnismäßig geringe Spannung σ_M nur bei richtiger Ausführung der Flanschverbindung nicht überschritten wird. Dazu gehört, daß die Kugelschale sich unmittelbar gegen den Flansch abstützt, und daß nicht zwischen Schale und Flansch ein zylindrisches Stück eingeschaltet ist, wie man dies z. B. an Wasserkammern von Oberflächenkondensatoren häufig sieht (vgl. Fig. 65).

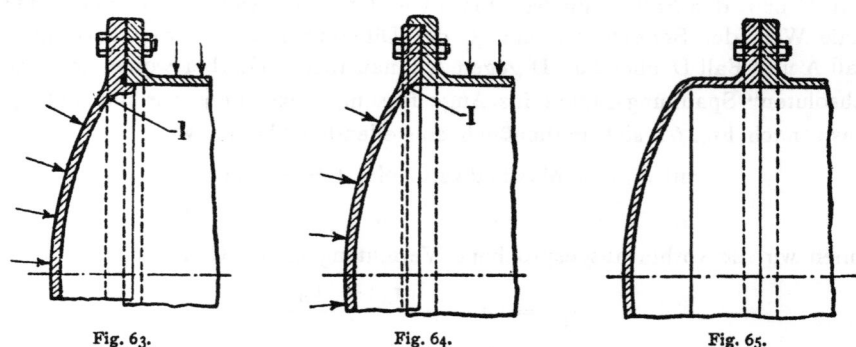

Fig. 63.   Fig. 64.   Fig. 65.

Der Flansch soll dick, in radialer Richtung groß und die Schrauben sollen möglichst weit von derjenigen Kante abstehen, um welche der Flanschquerschnitt kippen möchte. Die Zentrierung soll im richtigen Sinne wirken. Diesen Bedingungen dienen Meridianschnittformen der Flanschverbindung nach den Figuren 61 und 62 für *inneren*, und Formen nach Fig. 63 und 64 für *äußeren* Überdruck. Dagegen wäre es ganz verkehrt und könnte zu folgenschweren Brüchen führen, wenn man die Flanschverbindung nach den Figuren 61 und 62 für äußeren, diejenige nach den Figuren 63 und 64 für inneren Überdruck von erheblichem Wert anwenden würde.

In Fig. 66 sind von den Zahlenbeispielen I bis VII die Rechnungsergebnisse und die aus den Spannungstafeln abzugreifenden Werte in Vergleich gestellt. Links von den vertikalen Strichen sind die nach den an Hand von Bolle's Unterlagen in vorliegender Arbeit aufgestellten Gleichungen errechneten genauen Maximalspannungen für die Einspannfälle A, B, C und D maßstäblich, aufgetragen und mit σ_{max}^A, σ_{max}^B, σ_{max}^C und σ_{max}^D bezeichnet. Rechts von den dicken Strichen sind in jeweils gleichem Maßstab die aus den Tafeln A und B ablesbaren Spannungen σ_A und σ_B und die nach Gleichung (III) berechenbaren „mutmaßlichen" max. Spannungen σ_M in einer mit Flanschenverbindung nach Fig. 61 bzw. 62 ausgerüsteten Schale aufgetragen. Die Werte σ_{max}^A und σ_{max}^B stimmen in für die Praxis vollauf hinreichender Weise mit den nach den empirischen Formeln (I) von S. 3 und (II) von S. 21 berechneten max. Spannungswerten σ_A und σ_B für die Einspannfälle A und B überein. Fig. 66 lehrt, daß auch die nach der empirischen Formel (III) S. 33 errechnete Spannung σ_M für

Winke für die Praxis 35

den Sonderfall der „Flanschenverbindung von Kugelschale mit Zylindermantel" dem wahren max. Spannungswert hinreichend nahe liegen dürfte.

Bei einer nach den Fig. 63 und 64 für Außendruck ausgeführten Flanschenverbindung würde der nach der emp. Formel (III) berechnete max. Spannungswert σ_M

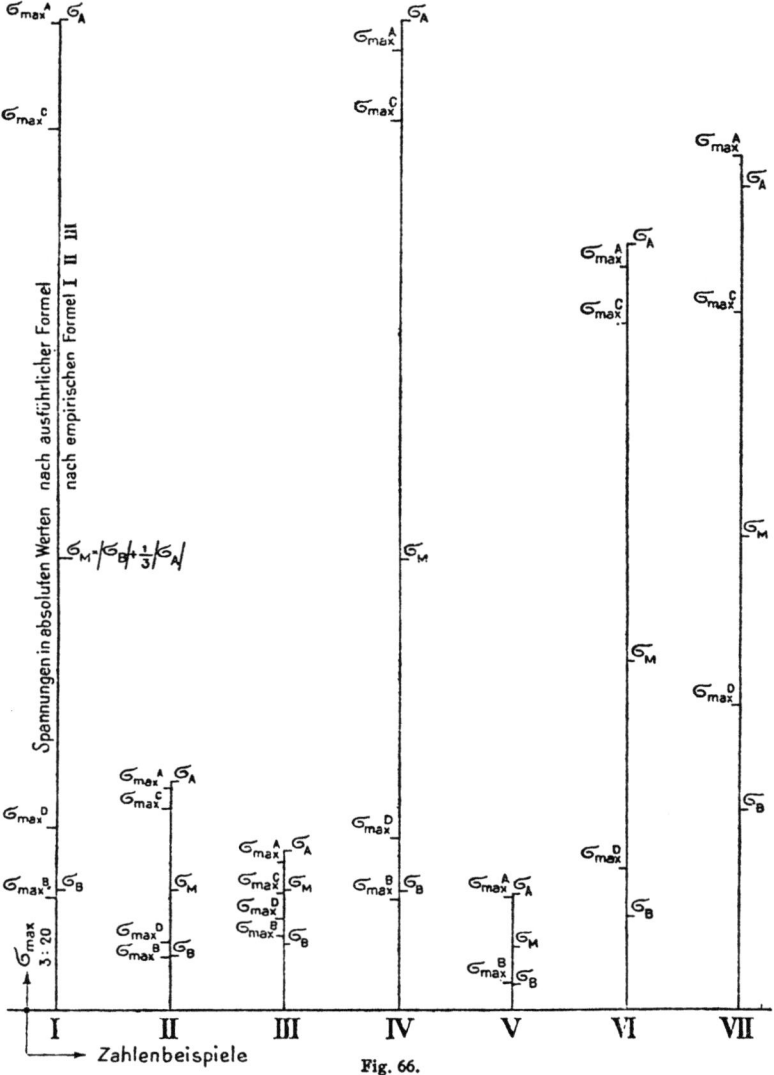

Fig. 66.

ebenfalls beim Punkt I auftreten; er hätte ein negatives Vorzeichen (Druck) wie die am Außenrand auftretenden Maximalwerte der Radialspannungen in der konkaven Faser bei den Einspannfällen D und C nach den Diagrammfiguren 16 und 15 also wie σ_{max}^D und σ_{max}^C.

XI. Muster für eine ausführliche Berechnung einer Kugelschale.

Es soll nun zum Schluß ein Zahlenbeispiel durchgeführt und so dem Konstrukteur die Anwendung vorliegender Rechnungsweise erleichtert werden. Hierfür möge das bereits vorn behandelte „Zahlenbeispiel II" herausgegriffen werden, welchem folgende Hauptdaten zugrunde liegen:

Material: Gußeisen; $\nu = 0{,}2$; $E = 0{,}9 \cdot 10^{-6}$ kg/cm²

Abmessungen: $r_a = 50$; $s = 2$; $R = 100$ cm.

$\left(\dfrac{R}{r_a}\right) = 2$; $\left(\dfrac{R}{s}\right) = 50$; $\mu = 3{,}4\left(\dfrac{R}{s}\right) = 170$. [Siehe Meridianschnitt Fig. 24.]

Ich hatte die Berechnungen durchgeführt für $r = 0$; 20; 30; 40; 45 und 50 cm. Wegen Platzersparnis und um nicht die Übersicht zu beeinträchtigen, sollen in Nachstehendem nur die Einzelwerte für $r = 0$, 40 und 50 cm wiedergegeben werden.

1. Hilfswerte.

für $r =$	0	40	50 cm
$\sin \alpha = \dfrac{r}{R} =$	0	0,40	0,50
$\cos \alpha =$	1	0,967	0,866
$\operatorname{tg} \alpha =$	0	0,436	0,577
$\alpha =$	0°	23° 35′	30°
$x = \sin^2 \alpha =$	0	0,16	0,25

Tabelle für x^n.

$n = 0$	1,0	1 000 000 · 10⁻⁶	1 000 000 · 10⁻⁶	$n = 7$	0	2,68 · 10⁻⁶	61 · 10⁻⁶
1	0	160 000 · 10⁻⁶	250 000 · 10⁻⁶	8	0	0,43 · 10⁻⁶	15,3 · 10⁻⁶
2	0	25 600 · 10⁻⁶	62 500 · 10⁻⁶	9	0		3,8 · 10⁻⁶
3	0	4 096 · 10⁻⁶	15 625 · 10⁻⁶	10	0		0,9 · 10⁻⁶
4	0	655 · 10⁻⁶	3 906 · 10⁻⁶	11	0		238 · 10⁻⁹
5	0	105 · 10⁻⁶	976 · 10⁻⁶	12	0		59,6 · 10⁻⁹
6	0	16,8 · 10⁻⁶	244 · 10⁻⁶				

Als für alle Werte von $r = 0$ bis $r = r_a = 50$ cm gültig berechnen wir folgende Hilfsfaktoren:

Kolonne:	(1)	(11)	(15)	(16)	(17)
	n	$\dfrac{a}{4n(n+1)}$	$\dfrac{\mu}{4n(n+1)}$	A_n	B_n
	0	0,000	—	+ 1	0
	1	0,125 00	21,250	+ 0,125	+ 21,250
	2	0,458 33	7,089	− 150,584	+ 10,625
	3	0,604 16	3,541	− 128,602	− 526,79

Muster für eine ausführliche Berechnung einer Kugelschale

Kolonne:	(1)	(11)	(15)	(16)	(17)
	4	0,68750	2,125	+ 1031,03	− 635,45
	5	0,74167	1,416	+ 1664,77	+ 988,64
	6	0,77962	1,0118	+ 297,58	+ 2455,18
	7	0,80804	0,7589	− 1622,73	+ 2209,71
	8	0,82986	0,59024	− 2650,90	+ 875,95
	9	0,84722	0,47226	− 2659,57	− 509,79
	10	0,86136	0,38624	− 2093,90	− 1466,3
	11	0,87311	0,32181	− 1356,3	− 1954,1
	12	0,88301	0,27251	− 2300,8	− 2059,1

Hierbei ist die Kolonne (11) der „Zahlentabelle 1" zu entnehmen. Laut der am Eingang dieser Detailrechnung gegebenen Aufstellung ist $\mu = 170$. Der jeweilige Wert $\frac{1}{4n(n+1)}$ für die verschiedenen n findet sich in Kolonne (12) der „Zahlentabelle 1". Danach finden sich die Werte $\frac{\mu}{4n(n+1)}$ für obige Kolonne (15). Die Werte für A_n und B_n sind nach den Gleichungen (7) und (8) zu berechnen.

Wie bereits angedeutet, gelten die bisher aufgestellten Hilfswerte für alle Punkte zwischen $r = 0$ und $r = r_a = 50$ cm. Nunmehr kommen die einzelnen Werte von r unterschiedlich zur Geltung.

Berechnung der Funktionen X, Y, Φ und Ψ nach den Gleichungen (9) bis (16).

1. für $r = r_a = 50$ cm.

n	x^n	$A_n x^n$	$B_n x^n$	$(2n+1)A_n x^n$	$(2n+1)B_n x^n$
0	1,000	+ 1,000	+ 0,0000	+ 1,0000	+ 0,000
1	0,250	+ 0,0330	+ 5,3125	+ 0,094	+ 15,937
2	0,0625 0	− 9,41150	+ 0,6641	− 47,057	+ 3,320
3	0,01563	− 2,0094	− 8,2315	− 14,066	− 57,620
4	0,00391	+ 4,0271	− 2,4819	+ 36,244	− 22,337
5	976,5 · 10⁻⁶	+ 1,6258	+ 0,9657	+ 17,884	+ 10,623
6	244,13 · 10⁻⁶	+ 0,0727	+ 0,5968	+ 0,945	+ 7,758
7	61,03 · 10⁻⁶	− 0,0990	+ 0,1348	− 1,485	+ 2,522
8	15,26 · 10⁻⁶	− 0,0406	+ 0,0134	− 0,690	+ 0,228
9	3,81 · 10⁻⁶	− 0,0101	− 0,0019	− 0,192	− 0,036
10	954,1 · 10⁻⁹	− 0,0020	− 0,0014	− 0,042	− 0,029
11	238,4 · 10⁻⁹	− 0,0003	− 0,0005	− 0,007	− 0,012
12	59,6 · 10⁻⁹	−	− 0,0000	−	−
		$X = -4,816$;	$Y = -3,030$;	$\Phi = -7,372$;	$\Psi = -40,145$

38 Muster für eine ausführliche Berechnung einer Kugelschale

2. *für r = 40 cm.*

n	x^n	$A_n x^n$	$B_n x^n$	$(2n+1)A_n x^n$	$(2n+1)B_n x^n$
0	1,000	+ 1,000	0	+ 1,000	+ 0,000
1	0,160	+ 0,020	+ 3,400	+ 0,060	+ 10,200
2	0,0256	− 3,855	+ 0,272	− 19,275	+ 1,360
3	0,004096	− 0,527	− 2,159	− 3,687	− 15,110
4	0,000655	+ 0,675	− 0,416	+ 6,087	− 3,743
5	$104{,}8 \cdot 10^{-6}$	+ 0,174	+ 0,104	+ 1,918	+ 1,140
6	$16{,}8 \cdot 10^{-6}$	+ 0,005	+ 0,041	+ 0,065	+ 0,536
7	$2{,}68 \cdot 10^{-6}$	− 0,004	+ 0,006	− 0,065	+ 0,089
8	$0{,}43 \cdot 10^{-6}$	− 0,001	—	− 0,019	—
		$X = -2{,}512$	$Y = +1{,}248$	$\Phi = -13{,}924$	$\Psi = -5{,}528$

3. *für r = 0* (Schalenmitte).

$$X = 1; \quad Y = 0; \quad \Phi = 1; \quad \Psi = 0.$$

Berechnung der Funktionen Γ_1, Γ_2 *usw. bis* V_2, W_2.

	Für die Radien	$r =$	0	40	50 cm
nach Gl. (17)	$\Gamma_1 = \Phi + \nu X$	=	+ 1,2	− 14,43	− 8,33
(18)	$\Gamma_2 = \nu\Phi + X$	=	+ 1,2	− 5,30	− 6,29
(19)	$\Delta_1 = \Psi + \nu Y$	=	0	− 5,28	− 40,75
(20)	$\Delta_2 = \nu\Psi + Y$	=	0	+ 0,14	− 11,06
(21)	$V_1 = \nu\Gamma_1 - \mu\Delta_1$	=	+ 0,24	+ 894,4	+ 6926,0
(22)	$V_2 = \nu\Gamma_2 - \mu\Delta_2$	=	+ 0,24	+ 25,3	+ 1879,0
(23)	$W_1 = \nu\Delta_1 + \mu\Gamma_1$	=	+ 204,0	− 2453,5	− 1425
(24)	$W_2 = \nu\Delta_2 + \mu\Gamma_2$	=	+ 204,0	− 899,4	− 1072
	$-\left(\dfrac{R}{s}\right)\dfrac{\cos^2\alpha}{2}$	=	− 25,0	− 21,0	− 18,75
	$-\dfrac{1}{2(1-\nu^2)}\dfrac{\cos^2\alpha}{2}$	=	− 0,26	− 0,22	− 0,19

[dabei ist $\nu = 0{,}2$; $\mu = 170$].

Berechnung der Konstanten a, b, c, d, f und g aus den Funktionswerten für $r = r_a = 50$ cm und gültig für alle r von 0 bis r_a.

Nach Gl. (25) $\quad O = \nu X - \Phi \quad = 0{,}2\,(-4{,}816) + 7{,}372 \quad = \quad + 6{,}41$

(26) $\quad P = \nu Y - \Psi \quad = 0{,}2\,(-3{,}030) + 40{,}145 \quad = \quad + 39{,}54$

(27) $\quad T = \nu Y + \mu X \quad = 0{,}2\,(-3{,}030) - 170 \cdot 4{,}816 = \quad - 819{,}33$

(28) $\quad U = \nu X - \mu Y \quad = 0{,}2\,(-4{,}816) + 170 \cdot 3{,}030 = \quad + 514{,}14$

(29) $\quad a = \dfrac{-W_1}{W_1 X - V_1 Y} \quad = \dfrac{+1425{,}1}{+1425 \cdot 4{,}816 + 6{,}926 \cdot 3{,}03} \quad = \quad + 0{,}05117$

Muster für eine ausführliche Berechnung einer Kugelschale

$$(30) \quad b = \frac{+V_1}{W_1 X - V_1 Y} = \frac{+6926}{1425 \cdot 4{,}816 + 6{,}926 \cdot 3{,}03} = +0{,}2487$$

$$(31) \quad c = \frac{-T}{XT - YU} = \frac{+819{,}3}{+4{,}816 \cdot 819{,}3 + 3{,}03 \cdot 514{,}4} = +0{,}1489$$

$$(32) \quad d = \frac{+U}{XT - YU} = \frac{+514{,}4}{+4{,}816 \cdot 819{,}3 + 3{,}03 \cdot 514{,}4} = +0{,}0934$$

$$(33) \quad f = \frac{1-\nu}{\cos^2 \alpha_a} \cdot \frac{1}{(aO + bP)} = \frac{1{,}066}{0{,}051 \cdot 6{,}41 + 0{,}249 \cdot 39{,}54} = +0{,}105$$

$$(34) \quad g = \frac{1-\nu}{\cos^2 \alpha_a} \cdot \frac{1}{(cO + dP)} = \frac{1{,}066}{0{,}149 \cdot 6{,}41 + 0{,}093 \cdot 39{,}54} = +0{,}231.$$

Aus vorstehenden Funktionen von r und aus den Konstanten a und b lassen sich folgende Funktionen für $r =$ 0   40   50 cm berechnen:

	$r = 0$	40	50 cm
$(aX + bY)$	$+ 0{,}0512$	$+ 1{,}182$	$- 1{,}0$
$(aV_1 + bW_1)$	$+ 50{,}81$	$- 565{,}13$	$+ 0{,}0$
$(a\Phi + b\Psi)$	$+ 0{,}0512$	$- 2{,}09$	$- 10{,}36$
$(aV_2 + bW_2)$	$+ 50{,}81$	$- 222{,}66$	$- 170{,}37$

Nunmehr sind die Vorbereitungen getroffen, um für die verschiedenen Einspannfälle A bis D die Spannungen in den verschiedenen Punkten des Meridianschnittes zu berechnen.

Berechnung der Spannungen für Einspannfall A.

I. Radialspannungen

für $r =$ 0   40   50 cm

		0	40	50 cm
Aus Gl. (35)	$\sigma_{r1} = -\left(\frac{R}{s}\right)\left(\frac{1}{2}\right)$	$- 25{,}0$	$- 25{,}0$	$- 25{,}0$ kg/cm²
(37)	$\sigma_{r2} = \left(-\frac{R}{s}\right)\left(\frac{\cos^2 \alpha}{2}\right)(aX + bY)$	$- 1{,}3$	$- 3{,}8$	$+ 18{,}75$ „
(45)	$\sigma_{r0} = \sigma_{r1} + \sigma_{r2}$	$- 26{,}3$	$- 28{,}8$	$- 6{,}25$ „
(38)	$\sigma_{x2} = \left(\frac{-1}{2(1-\nu^2)}\right)\frac{\cos^2 \alpha}{2}(aV_1 + bW_1)$	$- 13{,}2$	$+ 123{,}8$	$+ 0{,}0$ „
(46)	$\sigma_{rv} = (\sigma_{r0} + \sigma_{x2})$	$- 39{,}5$	$+ 95{,}0$	$- 6{,}2$ „
(46a)	$\sigma_{rx} = (\sigma_{r0} - \sigma_{x2})$	$- 13{,}1$	$- 152{,}6$	$- 6{,}2$ „

II. Tangentialspannungen

(35)	$\sigma_{t1} = -\left(\frac{R}{s}\right)\left(\frac{1}{2}\right) =$	$- 25{,}0$	$- 25{,}0$	$- 25{,}0$ „
(39)	$\sigma_{t2} = \left(-\frac{R}{s}\right)\frac{\cos^2 \alpha}{2}(a\Phi + b\Psi) =$	$- 1{,}3$	$+ 44{,}1$	$+ 194{,}3$ „
	$\sigma_{t0} = \sigma_{t1} + \sigma_{t2}$	$= - 26{,}3$	$+ 19{,}1$	$+ 166{,}3$ „
(40)	$\sigma_{y2} = \frac{-1}{2(1-\nu^2)}\frac{\cos^2 \alpha}{2}(aV_2+bW_2)=$	$- 13{,}2$	$+ 49{,}0$	$+ 33{,}3$ „
	$\sigma_{tv} = (\sigma_{t0} + \sigma_{y2})$	$= - 39{,}5$	$+ 68{,}1$	$+ 199{,}6$*) „
	$\sigma_{tx} = (\sigma_{t0} - \sigma_{y2})$	$= - 13{,}1$	$- 29{,}9$	$+ 133{,}0$ „

*) max σ von Fall A

Berechnung der Spannungen für Einspannfall B.

Radial:
	σ_{r1} [wie A]	$=$	$-25{,}0$	$-25{,}0$	$-25{,}0$ kg/cm
	$f\sigma_{r2} = 0{,}105\,\sigma_{r2}$ (von A) $=$		$-\underline{\ 0{,}1}$	$-\underline{\ 0{,}4}$	$+\underline{\ 2{,}0}$ „
(49)	$\sigma_{r0} = \sigma_{r1} + f\sigma_{r2}$	$=$	$-25{,}1$	$-25{,}4$	$-23{,}0$ „
	$f\sigma_{x2} = 0{,}105 \cdot \sigma_{x2}$ (von A) $=$		$-\ 1{,}4$	$+13{,}0$	$+\ 0{,}0$ „
(50)	$\sigma_{rv} = \sigma_{r0} + f\sigma_{x2}$	$=$	$-26{,}4$	$-12{,}4$	$-23{,}0$ „
(50a)	$\sigma_{rz} = \sigma_{r0} - f\sigma_{x2}$	$=$	$-23{,}6$	$-38{,}4*)$	$-23{,}0$ „

*) max σ von Fall B

Tangential:
	σ_{t1} [wie A]	$=$	$-25{,}0$	$-25{,}0$	$-25{,}0$ „
	$f\sigma_{t2} = 0{,}105\,\sigma_{t2}$ (von A) $=$		$-\underline{\ 0{,}1}$	$+\underline{\ 4{,}6}$	$+\underline{20{,}2}$ „
(51)	$\sigma_{t0} = \sigma_{t1} + f\sigma_{r2}$	$=$	$-25{,}1$	$-21{,}4$	$-\ 4{,}8$ „
	$f\sigma_{y2} = 0{,}105\,\sigma_{y2}$ (von A) $=$		$-\ 1{,}4$	$+\ 5{,}1$	$+\ 3{,}5$ „
(52)	$\sigma_{tv} = \sigma_{t0} + f\sigma_{y2}$	$=$	$-26{,}5$	$-16{,}3$	$-\ 1{,}3$ „
(52a)	$\sigma_{tz} = \sigma_{t0} - f\sigma_{y2}$	$=$	$-23{,}7$	$-26{,}5$	$-\ 8{,}3$ „

In ganz analoger Weise, wie nach den Gleichungen (35) bis (40) für den Einspannfall A lassen sich nach den Gleichungen (53) bis (56a) für den Einspannfall C und aus diesem unter Zuhilfenahme des aus Gl. (34) berechneten Faktors g für den Einspannfall D die radialen und die tangentialen Spannungen in den einzelnen Fasern des Meridianschnittes berechnen. Die so errechneten Werte sind in den Diagrammen Fig. 29 bis 32 aufgetragen.

Zur Vervollständigung des ausführlicher behandelten Zahlenbeispieles II soll beispielsweise die *Deformation für* Einspannfall A berechnet werden, und zwar auch nur für $r = 0$, 40 und 50 cm.

Deformation für Einspannfall A und $p = 1$ kg/cm².

Vorerst bestimmen wir die Konstanten:

Krümmungsradius $\quad R = 2\,r_a = 2 \cdot 50 \quad = 100$ cm

Für Gußeisen $\quad E = 900\,000 \quad = 0{,}9 \cdot 10^{+6}$ kg/cm^{-2}

$(\nu = 0{,}2) \quad \dfrac{R}{E} = 100 : 0{,}9 \cdot 10^{-6} = 111 \cdot 10^{-6}$ cm³kg^{-1}

$\quad\quad\quad\quad \dfrac{R}{E}(1 + \nu) \quad = 133{,}3 \cdot 10^{-6}$ cm³kg^{-1}

Aus der Berechnung der Spannungen für Einspannfall A und für $r = 0$ cm wissen wir für $p = 1$ kg/cm²

$$\sigma_{r1} = -25 \text{ kg/cm}^2; \qquad \sigma_{r2} = -1{,}485 \text{ kg/cm}^2.$$

Daraus ergibt sich nach Gl. (67) die Konstante:

$$k_A = \frac{R}{E}\left\{2\sigma_{r2}\bigg|_{a=0} + (1-\nu)\sigma_{r1}\right\} = -2550 \cdot 10^{-6} \text{ cm}.$$

Muster für eine ausführliche Berechnung einer Kugelschale

Reihe	Für $r =$	0	40	50 cm	
[1]	$\sin\alpha = \dfrac{r}{R}$	0	0,40	0,50	
[2]	$\cos\alpha$	1	0,9165	0,8665	
[3]	$\operatorname{tg}\alpha$	0	0,4345	0,5770	
[4]	$\dfrac{R}{E}(1+\nu)\operatorname{tg}\alpha$ $= 133{,}3\cdot 10^{-6}\operatorname{tg}\alpha$	0	$57{,}0\cdot 10^{-6}$	$77{,}0\cdot 10^{-6}$	$\mathrm{kg^{-1}cm^{+3}}$
[11]	lt. Spannungsrechnung für Fall A $\sigma_{r2} =$	$-1{,}485$	$-3{,}05$	$+18{,}77$	$\mathrm{kg\,cm^{-2}}$
[12]	$\dfrac{R}{E}(1+\nu)\operatorname{tg}\alpha\,\sigma_{r2}$	0	$-406\cdot 10^{-6}$	$+2500\cdot 10^{-6}$	cm
[13]	$k_A \sin\alpha =$	0	$-1020\cdot 10^{-6}$	$-1275\cdot 10^{-6}$	,,
[14]	$u_A = [13]-[12] =$	0	$-614\cdot 10^{-6}$	$-3775\cdot 10^{-6}$	,,
[15]	$u_A \sin\alpha = [1]\cdot[14] =$	0	$-245\cdot 10^{-6}$	$-1888\cdot 10^{-6}$	,,
[16]	$u_A \cos\alpha = [2]\cdot[14] =$	0	$-562\cdot 10^{-6}$	$-3270\cdot 10^{-6}$	,,
[21]	lt. Spannungsberechnung $\sigma_{t2} =$	$-1{,}485$	$+44{,}77$	$+152{,}7$	$\mathrm{kg\,cm^{-2}}$
[22]	$\sigma_{r2}+\sigma_{t2} = [11]+[21] =$	$-2{,}970$	$+41{,}72$	$+171{,}5$	,,
[23]	$(1-\nu)\sigma_{r1} =$	$-20{,}0$	$-20{,}0$	$-20{,}0$	,,
[24]	$\sigma_{r2}+\sigma_{t2}+(1-\nu)\sigma_{r1} = [22]+[23] =$	$-22{,}97$	$+22$	$+151$	,,
[25]	$\dfrac{R}{E}[24] = 111\cdot 10^{-6}[24] =$	$-2555\cdot 10^{-6}$	$+2444\cdot 10^{-6}$	$+16760\cdot 10^{-6}$	cm
[26]	$k_A \cos\alpha =$	$-2555\cdot 10^{-6}$	$-2335\cdot 10^{-6}$	$-2205\cdot 10^{-6}$	,,
[27]	$w_A = [26]-[25] =$	0	$-4779\cdot 10^{-6}$	$-18965\cdot 10^{-6}$	,,
[28]	$w_A \sin\alpha = [27][1] =$	0	$-1912\cdot 10^{-6}$	$-9482\cdot 10^{-6}$	,,
[29]	$w_A \cos\alpha = [27][2] =$	0	$-4390\cdot 10^{-6}$	$-16390\cdot 10^{-6}$	,,
[31]	$f^*_{A0} = u_A\sin\alpha + w_A\cos\alpha = [15]+[29] =$	0	$-4635\cdot 10^{-6}$	$-18278\cdot 10^{-6}$	,,
	* bezogen auf Plattenmitte				
[32]	$f^*_{Aa} = f^*_{A0}$ $+18278\cdot 10^{-6}$ bezogen auf Plattenrand	$+18278\cdot 10^{-6}$	$+14643\cdot 10^{-6}$	$0\cdot 10^{-6}$	,,
[33]	$\Delta r = u_A\cos\alpha - w_A\sin\alpha = [16]-[28]$	0	$+1350\cdot 10^{-6}$	$+6212\cdot 10^{-6}$	,,

Auf ähnliche Weise berechnet sich

für Fall B: f_B^* = $+ 2624 \cdot 10^{-6}$ $+ 2541 \cdot 10^{-6}$ $+ 0 \cdot 10^{-6}$ cm

Δr_B = $0 \cdot 10^{-6}$ $- 617 \cdot 10^{-6}$ $0 \cdot 10^{-6}$ „

für Fall C: f_C^* = $+ 11224 \cdot 10^{-6}$ $+ 3713 \cdot 10^{-6}$ 0 „

Δr_C = $0 \cdot 10^{-6}$ $+ 1484 \cdot 10^{-6}$ $+ 3055 \cdot 10^{-6}$ „

für Fall D: f_D^* = $+ 3222 \cdot 10^{-6}$ $+ 1143 \cdot 10^{-6}$ $0 \cdot 10^{-6}$ „

Δr_D = $0 \cdot 10^{-6}$ $- 248 \cdot 10^{-6}$ $0 \cdot 10^{-6}$ „

Diese Deformationen sind aufgetragen in dem Diagramm Fig. 67, und zwar in 500fach so großem Maßstab wie die Meridianmittelfaser.

Die in diesem Diagramm eingetragenen sechs Kurven haben folgende Bedeutung:

Kurve O ist ein Kreisbogen und stellt etwas mehr als die Hälfte der Meridianmittelfaser des *unbelasteten* Kugelbodens vom Außenradius $r_a = 50$ cm und vom Krümmungsradius $R = 100$ cm dar.

Kurve K ist ebenfalls ein Kreisbogen, sein Krümmungsradius um $2220 \cdot 10^{-6}$ cm kleiner als beim Kreisbogen *O*. In diese Form *K* würde die Mittelfaser der Kugelschale übergehen, wenn sie als Teil einer Hohlkugel vom Radius $R = 100$ cm, der Wandstärke $s = 2$ cm aufgefaßt würde, die von außen mit einem gleichmäßig verteilten Druck $p = 1$ kg/cm² belastet wäre. Diese Hohlkugel würde nach Gl. (35) eine gleichmäßig verteilte Spannung erfahren:

$$\sigma_k = \sigma_{r1} = \sigma_{t1} = -\frac{p}{2}\left(\frac{R}{s}\right) = -\frac{1}{2} \cdot \frac{100}{2} = 25 \text{ kg/cm}^2.$$

Unter der Einwirkung der senkrecht zueinander gerichteten Spannungen σ_{r1} und σ_{t1} würde sich der Kugelradius R_k verkleinern um den Betrag:

$$\Delta R_k = \frac{R}{E}(1 - \nu)\sigma_{r1} = 111 \cdot 10^{-6} \cdot (0{,}8) \cdot 25 \text{ cm}$$

$$\Delta R_k = 2220 \cdot 10^{-6} = 0{,}002\,220 \text{ cm}.$$

Die Kurven *A* bis *D* in Fig. 67 sind die elastischen Linien, in welche die Mittelfaser der berechneten Kugelschale übergeht, wenn sie auf der konvexen Seite mit $p = 1$ kg/cm² belastet und am Rand gemäß den Einspannfällen *A* bis *D* abgestützt wird. Die Einsenkungen f^* in der Symmetrieachse, nach der Größe geordnet, betragen:

bei Fall   K   B   D   C   A
Einsenkung (Hohlkugel)
der Schalenmitte f^* = 0,002 220; 0,002 624; 0,003 222; 0,011 224; 0,018 278 cm.
Diese verhalten sich wie   12,1 : 14,3 : 17,6 : 61,5 : 100.

Im Fall *K* (Hohlkugel) erfährt der Außenradius r_a eine Verkürzung

$$r_a = \frac{\Delta R}{\sin \alpha_a} = \frac{0{,}002\,220}{0{,}5} = 0{,}004\,440 \text{ cm}.$$

Diesen Wert den Deformationen des Außenradius r_a bei den Einspannfällen *A* bis *D* gegenübergestellt ergibt:

bei Fall   K   B   D   C   A
Änderung des Außenradius Δr_a = − 0,004 440; 0; 0; + 0,003 055; + 0,006 212.

Die Fig. 68 zeigt in der genau gleichen Weise wie die Fig. 67 die Deformation der Mittelfaser der Kugelschale für den Fall, daß die spez. Belastung $p = 1$ kg/cm² von *innen* (d. h. auf der konkaven Seite) statt von außen wirke. Es sind von dem Kreisbogen O aus in Fig. 68 einfach die Deformationen auf die andere Seite aufgetragen worden als in Fig. 67.

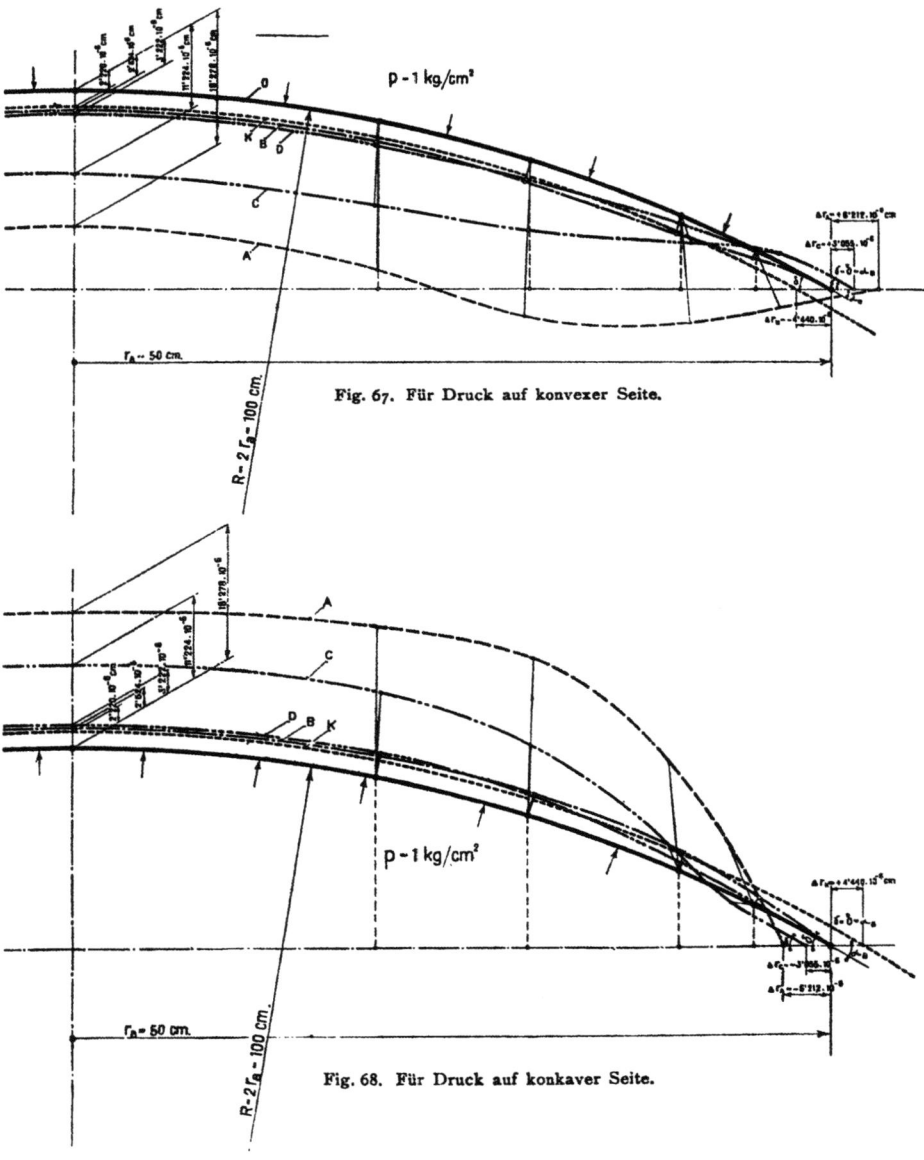

Fig. 67. Für Druck auf konvexer Seite.

Fig. 68. Für Druck auf konkaver Seite.

Weil nach den Einspannbedingungen der Fälle C und D der Rand „nicht drehbar" ist, so sollten in den Fig. 67 und 68 die Kurven C und D mit der Horizontalen den Winkel α_a einschließen. Diese Probe stimmt in der Tat; es ist $\gamma = \delta = \alpha_a$.

Additional material from *Berechnung Gewölbter Böden,*
978-3-663-15638-3, is available at http://extras.springer.com

Additional material from Berechnung Gewölbter Böden,
978-3-663-15638-3, is available at http://extras.springer.com

MIX
Papier aus verantwortungsvollen Quellen
Paper from responsible sources
FSC® C105338

If you have any concerns about our products,
you can contact us on
ProductSafety@springernature.com

In case Publisher is established outside the EU,
the EU authorized representative is:
**Springer Nature Customer Service Center GmbH
Europaplatz 3, 69115 Heidelberg, Germany**

Printed by Libri Plureos GmbH
in Hamburg, Germany